邦费罗尼不等式及概率应用

石焕南 著

◎ 概率的一些基本性质

◎ 概率与不等式

◎ 概率与组合问题

◎ 概率与求和

◎ 概率与积分

HITP

哈尔滨工业大学出版社

HARBIN INSTITUTE OF TECHNOLOGY PRESS

内 容 简 介

本书分为6章,从一道可用邦费罗尼不等式解答的IMO试题谈起,详细阐述了概率与不等式、概率与组合问题、概率与求和、概率与积分等内容,论述了邦费罗尼不等式及其在概率论中的应用,充分体现出用概率论知识来解答其他数学问题的优越性.

本书适合大学数学系的学生、中学数学教师、参加数学竞赛的教练员和参赛选手以及数学爱好者参考使用.

图书在版编目(CIP)数据

邦费罗尼不等式及概率应用/石焕南著. —哈尔滨: 哈尔滨工业大学出版社,2023.5
ISBN 978 - 7 - 5767 - 0776 - 2

Ⅰ.①邦… Ⅱ.①石… Ⅲ.①不等式 ②概率论
Ⅳ.①O178 ②O211

中国版本图书馆 CIP 数据核字(2023)第 057320 号

BANGFEILUONI BUDENGSHI JI GAILÜ YINGYONG

策划编辑	刘培杰 张永芹	
责任编辑	刘春雷	
封面设计	孙茵艾	
出版发行	哈尔滨工业大学出版社	
社　　址	哈尔滨市南岗区复华四道街10号　邮编150006	
传　　真	0451 - 86414749	
网　　址	http://hitpress.hit.edu.cn	
印　　刷	黑龙江艺德印刷有限责任公司	
开　　本	787 mm×960 mm　1/16　印张 13.25　字数 129 千字	
版　　次	2023 年 5 月第 1 版　2023 年 5 月第 1 次印刷	
书　　号	ISBN 978 - 7 - 5767 - 0776 - 2	
定　　价	58.00 元	

无穷多个事件 $A_1, \cdots, A_n, \cdots$ 的并(或和)记作

$$A_1 \cup A_2 \cup \cdots \cup A_n \cup \cdots \text{ 或 } \bigcup_{i=1}^{\infty} A_i.$$

事件 A 与 B 的交(或积)记作 AB.

n 个事件 $A_1, \cdots, A_n$ 的交(或积)记作 $A_1 A_2 \cdots A_n$ 或 $\bigcap_{i=1}^{n} A_i$.

无穷多个事件 $A_1, \cdots, A_n, \cdots$ 的交(或积)记作

$$A_1 A_2 \cdots A_n \cdots \text{ 或 } \bigcap_{i=1}^{\infty} A_i.$$

事件 A 与 B 的差记作 $A - B$.

$A \subset B$ 表示事件 A 含于事件 B, 或事件 B 包含事件 A.

$A \mid B$ 表示事件 A 关于事件 B 的条件概率.

组合数 $C_n^k = \frac{n!}{k!(n-k)!}$, 规定 $C_n^0 = 1$, 当 $k > n$ 时, 规定 $C_n^k = 0$.

$\ln x$ 表示 x 的以 e 为底的自然对数.

$\forall$ 表示"对于任意".

$\exists$ 表示"存在".

$\Leftrightarrow$ 表示"当且仅当".

本书一般记号

这里列出本书常用的记号:

$\mathbb{N}^* = \{1, 2, \cdots, n, \cdots\}$ 为正整数集.

$\mathbb{N} = \{0, 1, 2, \cdots, n, \cdots\}$ 为非负整数集.

$\mathbb{R} = (-\infty, +\infty)$ 为实数集.

$\mathbb{R}_+ = [0, +\infty)$ 为非负实数集.

$\mathbb{R}_{++} = (0, +\infty)$ 为正实数集.

$\mathbb{R}_{--} = (-\infty, 0)$ 为负实数集.

I 为实数轴上的开或闭区间.

$\mathbb{R}^n$, $\mathbb{R}_+^n$, $\mathbb{R}_{++}^n$, $\mathbb{R}_{--}^n$, $\mathbb{N}^{*n}$, I^n 分别表示具有 n 个相应分量的行向量的全体.

$A, B, C, \cdots$ 表示随机事件, 它们的对立事件记作 $\overline{A}, \overline{B}, \overline{C}, \cdots$.

Ω, Φ 分别表示必然事件和不可能事件.

事件 A 与 B 的并(或和)记作 $A \cup B$.

n 个事件 $A_1, \cdots, A_n$ 的并(或和)记作

$$A_1 \cup A_2 \cup \cdots \cup A_n \text{或} \bigcup_{i=1}^{n} A_i.$$

引 言

概率论是研究随机现象的一门数学分支, 它既有其独特的概念和方法, 又与其他科学分支有着密切的联系.

在普通高中数学课程标准(2017 年版, 2020 年修订)中, 必修课程共144 课时, 其中概率统计内容占20 课时; 选择性必修课程共108 课时, 其中概率统计内容占26 课时. 概率统计课程占了相当大的比重. 那么如何将概率论与中学数学的传统内容融会贯通、互为所用, 是中学数学教学面临的新课题.

著名数学家王梓坤院士在文[14, p. 24]中指出: "用概率的方法来证一些关系式或解决其他数学分析中的问题, 是概率论的重要研究方向之一."

用概率的方法解决一些问题, 思路别开生面, 过程常常简洁直观. 用研究随机现象的概率方法去处理非随机性数学问题对于学生的创造性思维的训练是十分有益的.

我们从下面这道IMO试题的解法谈起.

命题 0.1. 设 n 是正整数, 我们说集合 $\{1, 2, \cdots, 2n\}$ 的一个排列 $\{x_1, x_2, \cdots, x_{2n}\}$ 具有性质 P, 如果 $\{1, 2, \cdots,$

$2n-1\}$ 中至少有一个 i 使 $|x_i - x_{i+1}| = n$ 成立, 求证: 对于任何 n, 具有性质 P 的排列比不具有性质 P 的排列个数多.

这是第30届IMO 的一道组合数学试题, 为了便于比较, 我们先给出两个组合证法(见文[75]), 然后给出概率证法, 并给予加强.

解法 1 显然, 只需证明具有性质 P 的排列数 m 大于全部排列数的一半.

设 $(x_1, x_2, \cdots, x_{2n})$ 中, k 和 $k+n$ 相邻的所有排列的集合为 $M_k, k = 1, 2, \cdots, k$, 则由容斥原理知

$$m \geq \sum_{k=1}^{n} |M_k| - \sum_{1 \leq k < h \leq n} |M_k \cap M_h|, \qquad (0.1)$$

其中 $|M_k|$ 表示集合 M_k 的元数.

注意, 对于 M_k 中的排列, 当把 k 和 $k+n$ 视为一个数时, 共有 $(2n-1)!$ 种不同排法, 但 k 与 $k+n$ 相邻又有两种不同排法, 故有

$$|M_k| = 2(2n-1)!, \qquad (0.2)$$

类似地有

$$|M_k \cap M_h| = 4(2n-2)!, \qquad (0.3)$$

将式(0.2)和(0.3)代入式(0.1), 即得

$$m \geq 2n(2n-1)! - \mathrm{C}_n^2 \cdot 4(2n-2)!$$
$$= (2n)! - 2n(n-1)(2n-2)! > \frac{1}{2}(2n)!.$$

解法 2 令 A 和 B 分别表示具有性质 P 和不具有性质 P 的所有排列的集合，C 表示恰有一个 $i \in \{1, 2, \cdots, 2n-1\}$，使得 $\mid x_i - x_{i+1} \mid = n$ 的所有排列的集合. 显然, C 是 A 的一个真子集. 由此可见, 若能证明 $\mid B \mid \leq \mid C \mid$, 问题就解决了.

为证 $\mid B \mid \leq \mid C \mid$, 我们在 B 与 C 之间建立一个对应如下: 对任何 $y = (y_1, y_2, \cdots, y_{2n}) \in B$, 当然有 $\mid y_1 - y_2 \mid \neq n$, 因此存在 $k > 2$, 使得 $\mid y_k - y_1 \mid = n$. 令排列 y 对应于

$$f(y) = \{y_2, y_3, \cdots, y_{k-1}, y_1, y_k, y_{k+1}, \cdots, y_{2n}\},$$

这就给出了一个由 B 到 C 的映射. 不难证明这个映射是个单射, 所以有 $\mid B \mid \leq \mid C \mid < \mid A \mid$.

下面我们利用在第一章给出的概率的 Bonferroni 不等式 (1.5) 证明并加强此命题.

解法 3 设 $\{x_1, x_2, \cdots, x_{2n}\}$ 是 $\{1, 2, \cdots, 2n\}$ 的任一排列, 则此排列具有性质 P, 当且仅当存在 $i (1 \leq i \leq n)$ 使得 i 与 $n + i$ 相邻. 若用 A 表示此排列具有性质 P, A_i 表示在此排列中, i 与 $n + i$ 相邻, $i = 1, \cdots, n$, 则 $A = \bigcup\limits_{i=1}^{n} A_i$.

设具有性质 P 的排列数为 M, 而总排列数为 $(2n)!$, 则 $P(A) = \frac{M}{(2n)!}$, 易见 $P(A_i) = \frac{2(2n-1)!}{(2n)!}$, $i = 1, \cdots, n$, $P(A_i A_j) = \frac{2^2(2n-2)!}{(2n)!}$, $1 \leq i < j \leq n$, 由 Bonferroni 不等式 (1.5) 有

$$\frac{M}{(2n)!} = P(A) = P\left(\bigcup_{i=1}^{n} A_i\right)$$

$$\geq \sum_{i=1}^{n} P(A_i) - \sum_{1 \leq i < j \leq n} P(A_i A_j)$$

$$= \frac{2C_n^1 (2n-1)!}{(2n)!} - \frac{2^2 C_n^2 (2n-2)!}{(2n)!}$$

$$= 1 - \frac{n-1}{2n-1} > \frac{1}{2},$$

即 $M > \frac{(2n)!}{2}$，这说明具有性质 P 的排列个数比不具有性质 P 的排列个数多.

利用 Bonferroni 不等式的推广式(1.6) 可对此问题做更精细的估计. 例如，若取 $k = 3$，则由式(1.6) 有

$$\frac{M}{(2n)!} = P(A) = P\left(\bigcup_{i=1}^{n} A_i\right)$$

$$\leq \sum_{i=1}^{n} P(A_i) - \sum_{1 \leq i < j \leq n} P(A_i A_j) + \sum_{1 \leq i < j < k \leq n} P(A_i A_j A_k)$$

$$= \frac{2C_n^1 (2n-1)!}{(2n)!} - \frac{2^2 C_n^2 (2n-2)!}{(2n)!} + \frac{2^3 C_n^3 (2n-3)!}{(2n)!} = \frac{2}{3},$$

这说明虽然具有性质 P 的排列个数比不具有性质 P 的排列个数多，但前者不会多过后者的两倍. 若取 $k = 4$，则由式(1.6)有

$$\frac{M}{(2n)!} = P(A) = P\left(\bigcup_{i=1}^{n} A_i\right)$$

$$\geq \frac{2C_n^1 (2n-1)!}{(2n)!} - \frac{2^2 C_n^2 (2n-2)!}{(2n)!} +$$

$$\frac{2^3 C_n^3 (2n-3)!}{(2n)!} - \frac{2^4 C_n^4 (2n-4)!}{(2n)!}$$

$$= 1 - \frac{n-1}{2n-1} + \frac{n-2}{3(2n-1)} - \frac{(n-2)(n-3)}{6(2n-1)(2n-3)}$$

$$= \frac{15n^2 - 27n + 6}{24n^2 - 48n + 18} = \frac{5n^2 - 9n + 2}{2(4n^2 - 8n + 3)}$$

$$= \frac{5}{8} + \frac{4n - 7}{8(4n^2 - 8n + 3)} = \frac{5}{8} + \frac{4n - 7}{8(2n - 1)(2n - 3)},$$

由此可见, 当 $n \geq 2$ 时, $\frac{M}{(2n)!} > \frac{5}{8}$, 这说明具有性质 P 的排列个数的 3 倍将超过不具有性质 P 的排列个数的 5 倍. 显然此结论要强于原题的结论.

致 谢

1980 年9 月, 我于北京师范大学数学系教师进修班结业后, 调入北京师范大学一分校(现在的北京联合大学师范学院)任教, 一直到2008 年年底退休. 28 年间, 差不多有20 年我都在教授概率统计课程, 所授"概率论与数理统计"课程被评为校级精品课程. 结合教学, 我发表了20 多篇有关初等概率论的各类应用的文章, 收集了百余篇有关初等概率论应用的文献. 现虽已退休十余载, 但一直有愿出一本有关初等概率论各类应用的小册子, 以作为高中生和大学生的课外读物, 或许亦可以作为教师的教学参考资料.

我虽退休十余载, 但本书仍能得以出版, 仰仗哈尔滨工业大学出版社刘培杰副社长、张永芹主任以及各位编辑的鼎力支持和热情帮助, 在此我表示衷心的感谢! 感谢责任编辑的精心编辑! 祝刘培杰数学工作室的出版事业蒸蒸日上!

石焕南

2022 年12月29日

目　　录

i

第1章 预备知识

1.1 凸 函 数

定义 1.1. 设 $\Omega \subset \mathbb{R}$, $\varphi : \Omega \to \mathbb{R}$. 若对于任意 $x, y \in \Omega$, $\alpha \in [0, 1]$, 总有

$$\varphi(\alpha x + (1 - \alpha)y) \leq \alpha\varphi(x) + (1 - \alpha)\varphi(y) \qquad (1.1)$$

则称 φ 为 Ω 上的凸函数. 若对于任意 $x, y \in \Omega$, $x < y$, $\alpha \in [0, 1]$, 式(1.1) 为严格不等式, 则称 φ 为 Ω 上的严格凸函数. 若 $-\varphi$ 是 Ω 上的(严格) 凸函数, 则称 φ 为 Ω 上的(严格) 凹函数.

定理 1.1. 设函数 $g : I \to \mathbb{R}$ 在开区间 $I \subset \mathbb{R}$ 上可微, 则

(a) g 在 I 上递增, 当且仅当对于所有 $x \in I$, $g^{'}(x) \geq 0$;

(b) g 在 I 上严格递增, 当且仅当对于所有 $x \in I$, $g^{'}(x) \geq 0$, 且集合 $g^{'}(x) = 0$ 不包含区间.

定理 1.2. 设函数 $g : I \to \mathbb{R}$ 在开凸集 $I \subset \mathbb{R}$ 上二次可微, 则

(a) g 是I 上的凸函数$\Leftrightarrow \forall t \in I$, 有$g''(t) \geq 0$;

(b) 若对于所有$t \in I$, $g''(t) > 0$, 则g 在I 上严格凸.

1.2 概率的一些基本性质

(a) $0 \leq P(A) \leq 1$;

(b) $P(\Omega) = 1$; $P(\emptyset) = 0$;

(c) $P(A \cup B) = P(A) + P(B) - P(AB)$, 若$AB = \emptyset$, 则$P(A \cup B) = P(A) + P(B)$;

(d) $P(\overline{A}) = 1 - P(A)$;

(e) 若$A \subset B$, 则$P(A) \leq P(B)$ 和$P(B - A) = P(B) - P(A)$;

(f) 若$P(B) \neq 0$, 则$P(A \mid B) = \frac{P(AB)}{P(B)}$;

(g) A 和 B 相互独立$\Leftrightarrow P(AB) = P(A)P(B)$.

定理 1.3. (概率的全概公式) 若$B_1, B_2, \cdots, B_n$ 两两互不相容, 且$B_1 \cup B_2 \cup \cdots \cup B_n = \Omega$, 则

$$P(A) = \sum_{i=1}^{n} P(A \mid B_i)P(B_i) \qquad (1.2)$$

定理 1.4. (概率的Bayes(贝叶斯)公式) 设$B_1, B_2, \cdots, B_n$ 两两互不相容, 且$B_1 \cup B_2 \cup \cdots \cup B_n = \Omega$. 若$P(A) \neq 0$, 则

$$P(B_j \mid A) = \frac{P(AB_j)}{P(A)} = \frac{P(A \mid B_j)P(B_j)}{\sum\limits_{i=1}^{n} P(A \mid B_i)P(B_i)}, \quad (1.3)$$

其中 $j = 1, 2, \cdots, n.$

定理 1.5. (概率的一般加法公式) 设 $A_1, A_2, \cdots, A_n$ 是同一随机试验中的 n 个随机事件, 则

$$P\left(\bigcup_{i=1}^{n} A_i\right) = S_1 - S_2 + S_3 - \cdots + (-1)^{n+1} S_n \quad (1.4)$$

其中

$$
\begin{aligned}
S_m &= S_m(A_1, A_2, \cdots, A_n) \\
&= \sum_{1 \le i_1 < \cdots < i_m \le n} P\left(A_{i_1} A_{i_2} \cdots A_{i_m}\right), \, m = 1, 2, \cdots, n,
\end{aligned}
$$

当 $m > n$ 时, 规定 $S_m = 0.$

设 $A_1, A_2, \cdots, A_n$ 是同一随机试验中的 n 个随机事件, 我们有

$$
\begin{aligned}
\sum_{i=1}^{n} P(A_i) &\ge P\left(\bigcup_{i=1}^{n} A_i\right) \\
&\ge \sum_{i=1}^{n} P(A_i) - \sum_{1 \le i < j \le n} P(A_i A_j), \quad (1.5)
\end{aligned}
$$

Bonferroni(邦费罗尼) 不等式(1.5)是概率论中的一个著名的不等式, 联系公式(1.4), 一般的有

定理 1.6. [13] 设 $A_1, A_2, \cdots, A_n$ 是同一随机试验中的 n 个随机事件, $n > 1, k \le n$, 则当 k 为偶数时

$$P\left(\bigcup_{i=1}^{n} A_i\right) \ge \sum_{i=1}^{k} (-1)^{i+1} S_i \qquad (1.6)$$

当 k 为奇数时, 上述不等式反向. 其中

$$
\begin{aligned}
S_m &= S_m(A_1, A_2, \cdots, A_n) \\
&= \sum_{1 \le i_1 < \cdots < i_m \le n} P(A_{i_1} A_{i_2} \cdots A_{i_m}),
\end{aligned}
$$

$m = 1, 2, \cdots, n$ (当 $m > n$ 时, 规定 $S_m = 0$).

证明 现对 n 用数学归纳法. 当 $n = 2$ 时, 命题显然成立. 假定当 $n = m$ 时命题成立, 当 $n = m + 1$ 时, 对于 $k \le m + 1$, 若 $k = m + 1$, 由式(1.4) 知式(1.6)中等式成立; 若 $k < m + 1$ 且为偶数, 因

$$
P\left(\bigcup_{i=1}^{m+1} A_i \right) = P(A_{m+1}) + P\left(\bigcup_{i=1}^{m} A_i \right) - P\left(\bigcup_{i=1}^{m} A_i A_{m+1} \right),
$$

由归纳假设有

$$
P\left(\bigcup_{i=1}^{m} A_i \right) \ge \sum_{i=1}^{k} (-1)^{i+1} S_i(A_1, A_2, \cdots, A_m).
$$

注意到 $k - 1$ 为奇数, 又有

$$
\begin{aligned}
&P\left(\bigcup_{i=1}^{m} A_i A_{m+1} \right) \\
&\le \sum_{i=1}^{k-1} (-1)^{i+1} S_i(A_1 A_{m+1}, \cdots, A_m A_{m+1}),
\end{aligned}
$$

从而

$$
P\left(\bigcup_{i=1}^{m+1} A_i \right) \ge P(A_{m+1}) + \sum_{i=1}^{k} (-1)^{i+1} S_i(A_1, A_2, \cdots, A_m) -
$$

4

$$\sum_{i=1}^{k-1}(-1)^{i+1}S_i(A_1A_{m+1},\cdots,A_mA_{m+1})$$

$$=P(A_{m+1})+S_1(A_1,A_2,\cdots,A_m)+$$

$$\sum_{i=2}^{k}(-1)^{i+1}S_i(A_1,A_2,\cdots,A_m)-$$

$$\sum_{i=2}^{k}(-1)^{i+1}S_{i-1}(A_1A_{m+1},\cdots,A_mA_{m+1})$$

$$=S_1(A_1,A_2,\cdots,A_{m+1})+$$

$$\sum_{i=2}^{k}(-1)^{i+1}[S_i(A_1,A_2,\cdots,A_m)-$$

$$S_{i-1}(A_1A_{m+1},\cdots,A_mA_{m+1})]$$

$$=\sum_{i=1}^{k}(-1)^{i+1}S_i(A_1,A_2,\cdots,A_{m+1}).$$

若 $k < m+1$ 且为奇数, 上述不等式反向, 证毕.

1.3 数学期望

设离散型随机变量 ξ 的分布列为

$$P(\xi=x_i)=p_i, i=1,2,\ldots,$$

则

(a) $p_i \geq 0$;

(b) $\sum_{i=1}^{\infty} p_i = 1$;

(c) ξ 的数学期望为

$$E(\xi) = \sum_{i=1}^{\infty} x_i p_i;$$

(d) 设 $g(x)$ 为一连续函数, 若级数 $\sum\limits_{i=1}^{\infty} \mid g(x_i) \mid p_i$ 收敛, 则

$$E[g(\xi)] = \sum_{i=1}^{\infty} g(x_i) p_i. \tag{1.7}$$

设连续型随机变量 ξ 的密度函数为 $f(x)$, 则

(a) $f(x) \geq 0$;

(b) $\int_{-\infty}^{+\infty} f(x) \, \mathrm{d}\, x = 1$;

(c) ξ 的数学期望为

$$E(\xi) = \int_{-\infty}^{+\infty} x f(x) \, \mathrm{d}\, x;$$

(d) 设 $g(x)$ 为一连续函数, 若积分 $\int_{-\infty}^{+\infty} |g(x)| f(x) \, \mathrm{d}\, x$ 存在, 则

$$E[g(\xi)] = \int_{-\infty}^{+\infty} g(x) f(x) \, \mathrm{d}\, x. \tag{1.8}$$

定理 1.7. (数学期望的性质) 设 k, l, c 是常数.

(a) $E(k\xi + l\eta) = kE(\xi) + lE(\eta)$.

特别, $E(k\xi + c) = kE(\xi) + c, E(k\xi) = kE(\xi)$, $E(c) = c$.

(b) 若 ξ, η 独立, 则 $E(\xi\eta) = E(\xi)E(\eta)$.

定理 1.8. [40] (Jensen(琴生)不等式) 设随机变量 ξ 取值于区间 (a, b), $-\infty < a \le b < +\infty$, g 是 (a, b) 上连续的凸函数, 则当 $E(\xi), E[g(\xi)]$ 存在时, 有

$$g[E(\xi)] \le E[g(\xi)]. \qquad (1.9)$$

若 $g(x)$ 是连续的凹函数, 则不等式 (1.9) 反向.

证明 任取 $x_0 \in (a, b)$, 设曲线 $y = g(x)$ 在点 x_0 处的切线斜率为 $k(x_0)$, 由曲线的凸性, 有

$$g(x) \ge g(x_0) + k(x_0)(x - x_0)$$

在上式中取 $x_0 = E(\xi), x = \xi$ 得

$$g(\xi) \ge g[E(\xi)] + k[E(\xi)][\xi - E(\xi)],$$

再由数学期望的单调性及非负性即可得证.

设离散型随机变量 ξ 的分布列为

$$P(\xi = x_i) = p_i, i = 1, 2, \cdots, n,$$

则

$$E(\xi^2) \ge [E(\xi)]^2, \qquad (1.10)$$

等式成立当且仅当 $x_1 = x_2 = \cdots = x_n = E(\xi)$.

证明 由 $E(\xi^2) - E(\xi)^2 = D(\xi) = \sum\limits_{i=1}^{n} [x_i - E(\xi)]^2 \ge 0$ 即得证.

定理 1.9. (Cauchy-Schwarz(柯西–施瓦兹)不等式)

$$E(\xi\eta)^2 \le E(\xi^2)E(\eta^2). \qquad (1.11)$$

定理 1.10. [65]　若整值随机变量ξ 的数学期望存在, 则

$$E(\xi) = \sum_{k=1}^{\infty} P(\xi \geq k). \qquad (1.12)$$

注记 1.1.　若 ξ 只取有限个值 $1, 2, \cdots, n$, 则

$$E(\xi) = \sum_{k=1}^{n} P(\xi \geq k). \qquad (1.13)$$

随机变量ξ 的方差: $D(\xi) = E[\xi - E(\xi)]^2$.

定理 1.11. (方差的性质) 设k, c 是常数.

(a) $D(\xi) = E(\xi^2) - [E(\xi)]^2$;

(b) $D(k\xi + c) = k^2 D(\xi), D(k\xi) = k^2 D(\xi), D(c) = 0$;

(c) 若ξ, η 独立, 则$D(\xi + \eta) = D(\xi) + D(\eta)$.

定理 1.12. (Chebyshev(切比雪夫)不等式)　对于任意随机变量ξ, 若它的数学期望$E(\xi) = \mu$ 及方差$D(\xi) = \sigma^2$ 存在, 则对任意的常数$\varepsilon > 0$, 有

$$P\{\mid \xi - \mu \mid \geq \varepsilon\} \leq \frac{\sigma^2}{\varepsilon^2},$$

或

$$P\{\mid \xi - \mu \mid < \varepsilon\} \geq 1 - \frac{\sigma^2}{\varepsilon^2}.$$

定理 1.13. (中心极限定理) 设$\xi_1, \xi_2, \cdots$ 是独立同分布的随机变量序列, 且$E(\xi_i) = \mu, D(\xi_i) = \sigma^2 \neq$

$0, i = 1, 2, \cdots$, 则对任一实数 x, 有

$$\lim_{n \to \infty} P\left(\frac{\sum\limits_{i=1}^{n} \xi_i - n\mu}{\sqrt{n}\sigma} \leq x \right) = \int_{-\infty}^{x} \frac{1}{\sqrt{2\pi}} \mathrm{e}^{-\frac{t^2}{2}} \mathrm{d}t.$$

此定理是说, 若 $\xi_1, \xi_2, \cdots, \xi_n$ 独立同分布(无论是什么分布), 当 n 充分大时, $\frac{\sum\limits_{i=1}^{n} \xi_i - n\mu}{\sqrt{n}\sigma}$ 近似地服从 $N(0,1)$ 分布, 从而 $\sum\limits_{i=1}^{n} \xi_i$ 近似地服从 $N(n\mu, n\sigma^2)$ 分布. 我们知道若 $\xi_1, \xi_2, \cdots, \xi_n$ 独立同分布, 且都服从 $N(\mu, \sigma^2)$ 分布, 则 $\sum\limits_{i=1}^{n} \xi_i \sim N(n\mu, n\sigma^2)$. 中心极限定理告诉我们, 若 $\xi_1, \xi_2, \cdots, \xi_n$ 独立同分布, 不一定是正态分布, 则 $\sum\limits_{i=1}^{n} \xi_i$ 近似地服从正态分布.

1.4 几个常用分布

1. 二项分布

设离散型随机变量 ξ 的分布列为

$$P(\xi = k) = \mathrm{C}_n^k p^k (1-p)^{n-k}, \ k = 0, 1, \ldots, n,$$

其中 $0 < p < 1$, 称 ξ 服从二项分布, 记作 $\xi \sim B(n,p)$. 其数学期望和方差为

$$E(\xi) = np, D(\xi) = np(1-p).$$

9

2. Poisson(泊松)分布

设离散型随机变量ξ的分布列为

$$P(\xi = k) = \mathrm{e}^{-\lambda}\frac{\lambda^k}{k!}, \ k = 0, 1, 2, \cdots,$$

其中$\lambda > 0$, 称ξ服从Poisson分布, 记作$\xi \sim P(\lambda)$. 其数学期望和方差为

$$E(\xi) = \lambda, D(\xi) = \lambda.$$

3. 几何分布

设离散型随机变量ξ的分布列为

$$P(\xi = k) = p(1 - p)^{k-1},$$

其中$0 < p < 1$, 则称ξ服从以p为参数的几何分布. 其数学期望和方差为

$$E(\xi) = \frac{1}{p}, \ D(\xi) = \frac{1-p}{p^2}.$$

4. 均匀分布

设连续型随机变量ξ的密度为

$$f(x) = \begin{cases} \frac{1}{b-a}, & a < x < b, \\ 0, & \text{其他}. \end{cases}$$

则称ξ在区间(a, b)上服从(连续型)均匀分布, 记作$\xi \sim$

$R(a, b)$. 其数学期望和方差为

$$E(\xi) = \frac{a+b}{2}, D(\xi) = \frac{(b-a)^2}{12}.$$

5. 指数分布

设连续型随机变量ξ 的密度为

$$f(x) = \begin{cases} \lambda e^{-\lambda}, & x > 0, \\ 0, & \text{其他}. \end{cases}$$

其中$\lambda > 0$, 则称ξ 服从参数为λ 的指数分布, 记作$\xi \sim E(\lambda)$. 其数学期望和方差为

$$E(\xi) = \frac{1}{\lambda}, D(\xi) = \frac{1}{\lambda^2}.$$

6. 正态分布

设连续型随机变量ξ 的密度为

$$\frac{1}{\sqrt{2\pi}\sigma} e^{-\frac{(x-\mu)^2}{2\sigma^2}}, \ -\infty < x < +\infty,$$

其中$\mu, \sigma(\sigma > 0)$ 为常数, 称ξ 服从正态分布, 记作$\xi \sim N(\mu, \sigma^2)$. 其数学期望和方差为

$$E(\xi) = \mu, D(\xi) = \sigma^2.$$

特别, 若$\xi \sim N(0, 1)$, 则称ξ 服从标准正态分布.

7. Γ 分布

设连续型随机变量 ξ 的密度为

$$f(x) = \begin{cases} \frac{\lambda^r}{\Gamma(\lambda)} x^{r-1} \mathrm{e}^{-\lambda x}, & x > 0, \\ 0, & x \leq 0. \end{cases}$$

其中常数 $\lambda > 0, r > 0,$ 则称 ξ 服从 Γ 分布. 其数学期望和方差为

$$E(\xi) = \frac{r}{\lambda}, D(\xi) = \frac{r}{\lambda^2}.$$

伽马函数定义为

$$\Gamma(x) = \int_0^{\infty} t^{x-1} \mathrm{e}^{-t} \, \mathrm{d}t, \ x > 0.$$

伽马函数具有如下性质:

(a) $\Gamma(z+1) = z\Gamma(z);$

(b) $\Gamma(n+1) = n(n-1)(n-2)\cdots 2 \cdot 1 = n!;$

(c) $\Gamma(1) = 1.$

第2章　概率与不等式

2.1　随机事件与不等式

推论 2.1. [13] 条件同定理1.6, 有

$$\sum_{i=k}^{n}(-1)^{i-k}S_i \geq 0. \qquad (2.1)$$

证明 若 k 为偶数, 则式(2.1)等价于

$$\sum_{i=k}^{n}(-1)^{i+1}S_i \leq 0.$$

注意, 因 $k-1$ 为奇数, 由式(1.6)有

$$P\left(\bigcup_{i=1}^{n}A_i\right) = \sum_{i=1}^{n}(-1)^{i+1}S_i \leq \sum_{i=1}^{k-1}(-1)^{i+1}S_i,$$

即

$$\sum_{i=1}^{n}(-1)^{i+1}S_i - \sum_{i=1}^{k-1}(-1)^{i+1}S_i = \sum_{i=k}^{n}(-1)^{i+1}S_i \leq 0.$$

当 k 为奇数时类似可证.

下面利用式(1.6) 和式(2.1)建立下述代数不等式.

定理 2.1. [13] 设 $0 \le x_i \le 1, i = 1, 2, \cdots, n, n > 1, k \le n$.

(a) 若 k 为偶数, 则

$$\prod_{i=1}^{n}(\sigma_1 - x_i) \le \sum_{i=0}^{k}(-1)^i \sigma_i, \qquad (2.2)$$

当 k 为奇数时, 上述不等式反向.

(b)
$$\sum_{i=k}^{n}(-1)^{i-k}\sigma_i \ge 0, \qquad (2.3)$$

其中

$$\sigma_m = \sigma_m(x_1, x_2, \cdots, x_n) = \sum_{1 \le i_1 < \cdots < i_m \le n} x_{i_1} x_{i_2} \cdots x_{i_m},$$

$m = 1, 2, \cdots, n, \sigma_0 = 1$.

证明 设 $A_1, A_2, \cdots, A_n$ 为一随机试验中的 n 个相互独立的事件, 且 $P(A_i) = x_i$, $i = 1, 2, \cdots, n$, 注意到诸 A_i 的独立性, 有 $S_i = \sigma_i$, $i = 1, 2, \cdots, n$, 并结合

$$P\left(\bigcup_{i=1}^{n} A_i\right) = 1 - P\left(\bigcap_{i=1}^{n} \overline{A_i}\right) = 1 - \prod_{i=1}^{n}(1 - x_i),$$

由式(1.6)即可证得式(2.2), 类似地利用式(2.1)可证得式(2.3).

推论 2.2. [13] 设 $x_i \ge 0, i = 1, 2, \cdots, n, n >$

$1, k \leq n$. 若k 为偶数, 则

$$\prod_{i=1}^{n}(\sigma_1 - x_i) \leq \sum_{i=0}^{k}(-1)^i \sigma_1^{n-1}\sigma_i, \qquad (2.4)$$

若k 为奇数, 则上述不等式反向.

注意$0 \leq \frac{x_i}{\sigma_1} \leq 1$, 由定理2.1 即可得推论2.2.

当k 取1 时, 由式(2.2)得Weierstrass(魏尔斯特拉斯) 不等式(见[10, p. 158])

$$\prod_{i=1}^{n}(1 - x_i) \geq 1 - \sum_{i=1}^{n} x_i.$$

当k 取2 时, 由式(2.2)得

$$\sum_{i=1}^{n} x_i - \sum_{1 \leq i < j \leq n} x_i x_j \leq 1 - \prod_{i=1}^{n}(1 - x_i),$$

它加强了1994 年罗马尼亚数学奥林匹克竞赛题十年级第一题:

对于每个整数$n \geq 2$ 和$x_1, \cdots, x_n \in [0, 1]$, 求证

$$\sum_{i=1}^{n} x_i - \sum_{1 \leq i < j \leq n} x_i x_j \leq 1. \qquad (2.5)$$

例 2.1. [6] 已知$x, y, z \in (0, 1)$, 求证:

$$x(1 - y) + y(1 - z) + z(1 - x) < 1. \qquad (2.6)$$

证明 设事件A, B, C 相互独立, 且$P(A) = x$,

15

$P(B) = y, P(C) = z.$ 由于

$$A \cup B \cup C - ABC$$
$$=(A \cup B \cup C) \cdot (\overline{A} \cup \overline{B} \cup \overline{C})$$
$$=A\overline{B} \cup B\overline{C} \cup C\overline{A} \cup A\overline{C} \cup B\overline{A} \cup C\overline{B},$$

又

$$A\overline{C}(A\overline{B} \cup B\overline{C}) = A\overline{B}\overline{C} \cup AB\overline{C} = A\overline{C},$$

即 $A\overline{C} \subset A\overline{B} \cup B\overline{C}$. 同理 $B\overline{A} \subset B\overline{C} \cup C\overline{A}$, $C\overline{B} \subset C\overline{A} \cup A\overline{B}$, 所以

$$A \cup B \cup C - ABC = A\overline{B} \cup B\overline{C} \cup C\overline{A},$$

从而

$$P(A\overline{B} \cup B\overline{C} \cup C\overline{A}) = P(A \cup B \cup C) - P(ABC)$$
$$= P(A \cup B \cup C) - xyz$$
$$< P(A \cup B \cup C) \le 1.$$

另外, 由于 $A\overline{B}, B\overline{C}, C\overline{A}$ 两两互不相容, 所以

$$P(A\overline{B} \cup B\overline{C} \cup C\overline{A}) = x(1 - y) + y(1 - z) + z(1 - x),$$

由此得证.

　　这是一道全俄奥林匹克竞赛试题. 以上是笔者在1992 年给出的证明, 现在看来, 此证明烦琐了. 如下证明要直截了当得多.

$$1 \ge P(A \cup B \cup C)$$
$$= P(A) + P(B) + P(C) -$$

$$P(AB) - P(BC) - P(CA) + P(ABC)$$
$$=[P(A) - P(AB)] + [P(B) - P(BC)]+$$
$$[P(C) - P(CA)] + P(ABC)$$
$$=P(A\overline{B}) + P(B\overline{C}) + P(C\overline{A}) + P(ABC)$$
$$=P(A)P(\overline{B}) + P(B)P(\overline{C}) + P(C)P(\overline{A})+$$
$$P(A)P(B)P(C)$$
$$=x(1-y) + y(1-z) + z(1-x) + xyz,$$

由此得证.

例 2.2. [15] 已知$x, y, z, w \in (0,1)$, 则

$$x + y + z + w - (xy + yz + zw + wx) < 2. \quad (2.7)$$

证明 由定理2.1有

$$x(1-y) + y(1-z) + z(1-x) < 1$$

和

$$z(1-w) + w(1-x) + x(1-z) < 1.$$

从而

$$x + y + z + w - (xy + yz + zw + wx)$$
$$=x(1-y) + y(1-z) + z(1-x) - z(1-x)+$$
$$z(1-w) + w(1-x) + x(1-z) - x(1-z)$$
$$<1 - z(1-x) + 1 - x(1-z) < 2.$$

用数学归纳法不难将例2.2 推广为:

设 $x_i \in (0, 1), i = 1, 2, \cdots, n, n \geq 3$, 则

$$\sum_{i=1}^{n} x_i - \sum_{i=1}^{n} x_i x_{i+1} < n - 2 \ (x_{n+1} = x_1). \qquad (2.8)$$

例 2.3. [63] 若 $x > 1$, 求证

$$x^3 > x + \frac{1}{x} - 1. \qquad (2.9)$$

证明 将不等式两边同除以 x^3, 则可得

$$1 > \frac{1}{x^2} + \frac{1}{x^4} - \frac{1}{x^3}.$$

设 A, B 是两个相互独立事件, 因为 $x > 1$, 所以 $0 < \frac{1}{x^2} < 1, 0 < \frac{1}{x^4} < 1$. 令 $P(A) = \frac{1}{x^2}, P(B) = \frac{1}{x^4}$, 则

$$1 > P(A \cup B) = P(A) + P(B) - P(AB) = \frac{1}{x^2} + \frac{1}{x^4} - \frac{1}{x^6}.$$

因为 $x > 1$, 所以 $x^6 > x^3$, 进而 $-\frac{1}{x^6} > -\frac{1}{x^3}$, 即 $1 > \frac{1}{x^2} + \frac{1}{x^4} - \frac{1}{x^3}$ 成立, 所以 $x^3 > x + \frac{1}{x} - 1$ 成立.

例 2.4. [15] 已知 $x, y, z, w \in (0, 1)$, 则

$$(x + y - xy)(y + z - yz)(z + w - zw)(w + x - wx)$$
$$\geq (xz + yw - xyzw)^2. \qquad (2.10)$$

证明 设随机事件 A, B, C, D 相互独立, 且 $P(A) = x, P(B) = y, P(C) = z, P(D) = w$, 因

$$(A \cup B)(C \cup D) = AC \cup AD \cup BC \cup BD \supset AC \cup BD,$$

$$(B \cup C)(D \cup A) = BD \cup AB \cup CD \cup AC = AC \cup BD,$$

18

则

$$P(A \cup B)P(C \cup D) \geq P(AC \cup BD)$$

$$P(B \cup C)P(D \cup A) \geq P(AC \cup BD)$$

从而

$$P(A{\cup}B)P(C{\cup}D)P(B{\cup}C)P(D{\cup}A) \geq [P(AC{\cup}BD)]^2.$$
$$(2.11)$$

而

$$P(A \cup B) = P(A) + P(B) - P(AB) = x + y - xy$$

同理

$$P(C \cup D) = z + w - zw, \quad P(B \cup C) = y + z - yz$$

$$P(D{\cup}A) = w+x-wx, \quad P(AC{\cup}BD) = xz+yw-xyzw$$

将以上诸式代入式(2.11)即得证.

例 2.5. [23] 求证: 若 $x \in \left[0, \frac{\pi}{2}\right]$, 则

$$\frac{\sqrt{2}\cos\left(x - \frac{\pi}{4}\right)}{1 + \sin x \cos x} \leq 1. \qquad (2.12)$$

证明 要证式(2.12), 即证

$$\sqrt{2}\cos\left(x - \frac{\pi}{4}\right) \leq 1 + \sin x \cos x,$$

而

$$\sqrt{2}\cos\left(x - \frac{\pi}{4}\right) = \sqrt{2}\left(\cos x \cos\frac{\pi}{4} + \sin x \sin\frac{\pi}{4}\right)$$

$$=\sqrt{2}\left(\frac{\sqrt{2}}{2}\cos x + \frac{\sqrt{2}}{2}\sin x\right) = \sin x + \cos x,$$

又因为

$$1 + \sin x \cos x - (\sin x + \cos x)$$
$$=1 - \cos x + \sin x(\cos x - 1)$$
$$=(1 - \cos x)(1 - \sin x) \geq 0,$$

所以, 只需证

$$1 + \sin x \cos x \geq \sin x + \cos x. \tag{2.13}$$

现设随机事件 A, B 相互独立, 且 $P(A) = \cos x, P(B) = \sin x$, 由

$$1 \leq P(A \cup B) = P(A) + P(B) - P(AB)$$
$$= P(A) + P(B) - P(A)P(B)$$

即证得 (2.13).

例 2.6. [15] 设 $x_i, y_i \geq 0$, 且 $x_i + y_i = 1$, $i = 1, 2, \cdots, n$, $y_{n+1} = y_1$, 则

$$\sum_{i=1}^{n} x_i y_i \leq \left[\frac{n}{2}\right]. \tag{2.14}$$

其中 $[x]$ 表示不超过实数 x 的最大整数.

证明 设随机事件 $A_1, A_2, \cdots, A_n$ 相互独立, 且 $P(A_i) = x_i, i = 1, 2, \cdots, n$, 则 $P(\overline{A_i}) = 1 - x_i = y_{i+1}$, $i = 1, 2, \cdots, n$. 分两种情况讨论:

20

(a) n 为偶数

$$\sum_{i=1}^{n} x_i y_i = [P(A_1)P(\overline{A}_n) + P(A_2)P(\overline{A}_1)] +$$

$$[P(A_3)P(\overline{A}_2) + P(A_4)P(\overline{A}_3)] + \cdots +$$

$$[P(A_{n-1})P(\overline{A}_{n-2}) + P(A_n)P(\overline{A}_{n-1})]$$

$$= P(A_1\overline{A}_n \cup A_2\overline{A}_1) + P(A_3\overline{A}_2 \cup A_4\overline{A}_3) + \cdots +$$

$$P(A_{n-1}\overline{A}_{n-2} \cup A_n\overline{A}_{n-1})$$

$$\leq \underbrace{1 + 1 + \cdots + 1}_{\frac{n}{2}} = \frac{n}{2} = \left[\frac{n}{2}\right].$$

(b) n 为奇数

当 $n = 1$ 时, 显然命题成立. 当 $n \geq 3$ 时, 不妨设 $P(A_n) = x_n$ 为诸 x_i, y_i 中的最大者, 于是 $P(A_3) \leq P(A_n)$, 进而

$$\sum_{i=1}^{n} x_i y_i$$

$$= [P(A_1)P(\overline{A}_n) + P(A_2)P(\overline{A}_1) + P(A_3)P(\overline{A}_2)] +$$

$$[P(A_4)P(\overline{A}_3) + P(A_5)P(\overline{A}_4)] + \cdots +$$

$$[P(A_{n-1})P(\overline{A}_{n-2}) + P(A_n)P(\overline{A}_{n-1})]$$

$$\leq [P(A_1)P(\overline{A}_n) + P(A_2)P(\overline{A}_1) + P(A_n)P(\overline{A}_2)] +$$

$$[P(A_4)P(\overline{A}_3) + P(A_5)P(\overline{A}_4)] + \cdots +$$

$$[P(A_{n-1})P(\overline{A}_{n-2}) + P(A_n)P(\overline{A}_{n-1})]$$

$$= P(A_1\overline{A}_n \cup A_2\overline{A}_1 \cup A_n\overline{A}_2) + P(A_4\overline{A}_3 \cup A_5\overline{A}_4) + \cdots +$$

$$P(A_{n-1}\overline{A}_{n-2} \cup A_n\overline{A}_{n-1})$$

$$\leq \underbrace{1 + 1 + \cdots + 1}_{\frac{n-3}{2}} = \frac{n-1}{2} = \left[\frac{n}{2}\right].$$

例 2.7. [27] 设 $a_i > 0, A_i > 0$, 且 $a_i + A_i = k$, $i = 1, 2, \cdots, n$, 且 $n \geq 3$, 则

$$a_1 A_2 + a_2 A_3 + \cdots + a_{n-1} A_n + a_n A_1 < \left[\frac{n}{2}\right] k^2. \quad (2.15)$$

其中 $[x]$ 表示不超过实数 x 的最大整数.

证明 易见稍加变形, 此例就可化归于上例, 故证明略.

此例是全苏第 21 届数学奥林匹克竞赛(八年级)如下试题的推广与加强:

正数 a, b, c, A, B, C 满足条件 $a + A = b + B = c + C = k$, 求证

$$aB + bC + cA < k^2.$$

例 2.8. [15] 设 $a_i, b_i, c_i, d_i, e_i, f_i, g_i, h_i \geq 0, i = 1, 2, 3$, 且

$$a_1 + d_1 = b_1 + f_1 = c_1 + g_1 = e_1 + h_1 = 1$$

$$a_2 + b_2 = c_2 + d_2 = e_2 + f_2 = g_2 + h_2 = 1$$

$$a_3 + e_3 = b_3 + c_3 = d_3 + h_3 = g_3 + f_3 = 1$$

则

$$\begin{aligned} t =& a_1 a_2 a_3 + b_1 b_2 b_3 + c_1 c_2 c_3 + d_1 d_2 d_3 + e_1 e_2 e_3 + \\ & f_1 f_2 f_3 + g_1 g_2 g_3 + h_1 h_2 h_3 \leq 4. \end{aligned} \quad (2.16)$$

证明 设随机事件 $A_1, A_2, \cdots, A_{12}$ 相互独立, 且

$$P(A_1) = a_1, P(A_2) = b_1, P(A_3) = c_1, P(A_4) = e_1,$$

$$P(A_5) = a_2, P(A_6) = c_2, P(A_7) = e_2, P(A_8) = g_2,$$

$$P(A_9) = a_3, P(A_{10}) = b_3, P(A_{11}) = d_3, P(A_{12}) = g_3,$$

则

$$P(A_1) = 1 - a_1 = d_1, P(A_2) = 1 - b_1 = f_1,$$

$$P(A_3) = 1 - c_1 = g_1, P(A_4) = 1 - e_1 = h_1,$$

$$P(A_5) = 1 - a_2 = b_2, P(A_6) = 1 - c_2 = d_2,$$

$$P(A_7) = 1 - e_2 = f_2, P(A_8) = 1 - g_2 = h_2,$$

$$P(A_9) = 1 - a_2 = e_2, P(A_{10}) = 1 - b_2 = c_3,$$

$$P(A_{11}) = 1 - d_2 = h_2, P(A_{12}) = 1 - g_2 = f_3,$$

于是

$$
\begin{aligned}
t =& P(A_1)P(A_5)P(A_9) + P(A_2)P(\overline{A}_5)P(A_{10}) + \\
& P(A_3)P(A_6)P(\overline{A}_{10}) + P(\overline{A}_1)P(A_6)P(A_{11}) + \\
& P(A_4)P(A_7)P(\overline{A}_9) + P(A_2)P(A_7)P(\overline{A}_{12}) + \\
& P(\overline{A}_3)P(A_8)P(A_{12}) + P(\overline{A}_4)P(\overline{A}_8)P(\overline{A}_{11}) \\
=& P(A_1A_5A_9 \cup A_2\overline{A}_5A_{10}) + P(A_3A_6\overline{A}_{10} \cup A_1\overline{A}_6A_{11}) + \\
& P(A_4A_7\overline{A}_9 \cup \overline{A}_2\overline{A}_7A_{12}) + P(\overline{A}_3A_8A_{12} \cup \overline{A}_4\overline{A}_8\overline{A}_{11}) \\
\leq& 1 + 1 + 1 + 1 = 4.
\end{aligned}
$$

文献[16]和[17] 采用几何方法分别得出$t \leq 6$ 和$t \leq$ 5, 这里加强它们的结果.

命题 2.1. [15] 已知$x, y, z, w \in [0,1]$, 则

$$x + y + z + w + 3(xyz + yzw + zwx + wxy)$$

$$\geq 2(xy + xz + xw + yz + yw + zw) + 4xyzw. \tag{2.17}$$

证明 设随机事件 A, B, C, D 相互独立, 且 $P(A) = x, P(B) = y, P(C) = z, P(D) = w$, 则

$$x = P(A) \geq P[A(B \cup C \cup D)] = P(A)P(B \cup C \cup D)$$
$$= x(y + z + w - yz - yw - zw + yzw)$$
$$= xy + xz + xw - xyz - xyw - xzw + xyzw,$$

同理

$$y \geq yz + yw + yx - yzw - yzx - ywx + xyzw,$$

$$z \geq zw + zx + zy - zwx - zxy - zwy + xyzw,$$

$$w \geq wx + wy + wz - wxy - wyz - wxz + xyzw.$$

以上四式相加即得证.

推论 2.3. [15] 已知 $x, y, z, w \geq 0$, 则

$$(x + y + z + w)^5$$
$$\geq 2(xy + xz + xw + yz + yw + zw)(x + y + z + w)^2 -$$
$$3(xyz + yzw + zwx + wxy)(x + y + z + w) +$$
$$4xyzw. \tag{2.18}$$

证明 若 x, y, z, w 全为零, 则等式成立. 若 x, y, z, w 不全为零, 设 $s = x + y + z + w$, 则 $\frac{x}{s}, \frac{y}{s}, \frac{z}{s}, \frac{w}{s} \in [0, 1]$, 由命题2.1 即可得证.

例 2.9. [1] 已知$a \geq 1, b \geq 1, c \geq 1$, 试证

$$a^2bc + ab^2c + abc^2 \leq ab + ac + bc + a^2b^2c^2. \quad (2.19)$$

证明 两边同除以$a^2b^2c^2$, 则得

$$\frac{1}{ab} + \frac{1}{ac} + \frac{1}{bc} + \frac{1}{a^2b^2c^2} \leq 1 + \frac{1}{abc^2} + \frac{1}{ab^2c} + \frac{1}{a^2bc}.$$

设随机事件A, B, C 相互独立, 且$P(A) = \frac{1}{ab}$, $P(B) = \frac{1}{ac}$, $P(C) = \frac{1}{bc}$, 则

$$\begin{aligned}
1 \geq & P(A \cup B \cup C) \\
= & P(A) + P(B) + P(C) - \\
& P(AB) - P(BC) - P(CA) + P(ABC) \\
= & \frac{1}{ab} + \frac{1}{ac} + \frac{1}{bc} - \frac{1}{abc^2} - \frac{1}{ab^2c} - \frac{1}{a^2bc} + \frac{1}{a^2b^2c^2},
\end{aligned}$$

由此得证.

例 2.10. [9]　设$0 \leq a, b, c, d \leq 1$, 则

$$(a + b - ab)(c + d - cd) \geq ac + bd - abcd.$$

证明　设事件A, B, C, D 相互独立, 其概率依次为a, b, c, d, 因

$$(A + B)(C + D) = AC + AD + BC + BD \supset AC + BD,$$

由概率的单调性有

$$P[(A + B)(C + D)] \geq P(AC + BD).$$

注意到 A, B, C, D 的独立性, 有

$$P(A + B) \cdot P(C + D) \geq P(AC + BD). \qquad (2.20)$$

由概率的一般加法公式, 有

$$P(A+B) = P(A) + P(B) - P(A) \cdot P(B) = a+b-ab.$$

同理有

$$P(C+D) = c+d-cd, \; P(AC+BD) = ac+bd-abcd.$$

将以上三式代入式(2.20) 即得证.

例 2.11. [11]   设正数 $a_i, b_i, i = 1, 2, \cdots, n$, 满足条件 $a_1 + b_1 = a_2 + b_2 = \cdots = a_n + b_n = 1$, 则

$$b_1 a_2 + b_2 a_3 + \cdots + b_{n-1} a_n + b_n a_1 \leq \frac{n}{4} \cdot \frac{1}{\left(\sin \frac{\pi}{n}\right)^2}.$$

证明 设随机事件 $A_1, \cdots, A_n$ 相互独立, 且 $P(A_i) = a_i$, 则 $P(\overline{A_i}) = 1 - a_i = b_i$, 首先考虑 $n = 3$ 的情形, 由概率的一般加法公式有

$$
\begin{aligned}
1 \geq P(A_1 \cup A_2 \cup A_3) = {}& P(A_1) + P(A_2) + P(A_3) - \\
& P(A_1)P(A_2) - P(A_2)P(A_3) - P(A_3)P(A_1) + \\
& P(A_1)P(A_2)P(A_3) \\
= {}& P(A_1)[1 - P(A_2)] + P(A_2)[1 - P(A_3)] + \\
& P(A_3)[1 - P(A_1)] + P(A_1)P(A_2)P(A_3),
\end{aligned}
$$

从而

$$a_1b_2 + a_2b_3 + a_3b_1 \leq 1 - a_1a_2a_3 < 1 = \frac{3}{4} \cdot \frac{1}{\left(\sin\frac{\pi}{3}\right)^2}.$$

当 $n > 3$ 时

$$\begin{aligned}
&b_1a_2 + b_2a_3 + \cdots + b_{n-1}a_n + b_na_1 \\
=&P(\overline{A}_1)P(A_2) + P(\overline{A}_2)P(A_3) + \cdots + \\
&P(\overline{A}_{n-1})P(A_n) + P(\overline{A}_n)P(A_1) \\
=&P(\overline{A}_1A_2) + P(\overline{A}_2A_3) + \cdots + P(\overline{A}_{n-1}A_n) + P(\overline{A}_nA_1) \\
=&\frac{1}{2}[P(\overline{A}_1A_2 \cup \overline{A}_2A_3) + P(\overline{A}_2A_3 \cup \overline{A}_3A_4) + \cdots + \\
&P(\overline{A}_{n-1}A_n \cup \overline{A}_nA_1) + P(\overline{A}_nA_1 \cup \overline{A}_1A_2)] \\
\leq&\frac{1}{2}(1 + 1 + \cdots + 1 + 1) = \frac{n}{2}.
\end{aligned}$$

余下只需证 $\frac{n}{2} \leq \frac{n}{4}\frac{1}{\left(\sin\frac{\pi}{n}\right)^2}$，即 $\sin\frac{\pi}{n} \leq \frac{\sqrt{2}}{2} = \sin\frac{\pi}{4}$，而当 $n > 3$ 时，此式成立，由此完成证明.

例 2.12. [11] 若正数 a_i, b_i, c_i, d_i, $i = 1, 2, 3$, 满足 $a_1 + b_1 = c_1 + d_1 = 1$, $a_2 + c_2 = b_2 + d_2 = 1$, $a_3 + d_3 = b_3 + c_3 = 1$, 则

$$a_1a_2a_3 + b_1b_2b_3 + c_1c_2c_3 + d_1d_2d_3 \leq 1. \tag{2.21}$$

证明 设随机事件 $A_1, A_2, A_3, A_4, A_5, A_6$ 相互独立, 且 $P(A_1) = a_1, P(A_2) = c_1, P(A_3) = a_2, P(A_4) = b_2, P(A_5) = a_3, P(A_6) = b_3$, 则

$$P(\overline{A}_1) = 1 - a_1 = b_1, P(\overline{A}_2) = 1 - c_1 = d_1,$$

$$P(\overline{A}_3) = 1 - a_2 = c_2, P(\overline{A}_4) = 1 - b_2 = d_2,$$

$$P(\overline{A}_5) = 1 - a_3 = d_3, P(\overline{A}_6) = 1 - b_3 = c_3,$$

于是

$$a_1a_2a_3 + b_1b_2b_3 + c_1c_2c_3 + d_1d_2d_3$$
$$=P(A_1)P(A_3)P(A_5) + P(A_1)P(A_4)P(A_6)+$$
$$P(A_2)P(A_3)P(A_6) + P(A_2)P(A_4)P(A_5)$$
$$=P(A_1A_3A_5) + P(A_1A_4A_6) + P(A_2A_3A_6)+$$
$$P(A_2A_4A_5)$$
$$=P(A_1A_3A_5 \cup A_1A_4A_6 \cup A_2A_3A_6 \cup A_2A_4A_5) \le 1.$$

用概率论这种研究随机现象的随机性数学去研究和处理确定性数学, 思维的跳跃比较大, 这十分有益于锻炼和培养学生的创造思维能力.

例 2.13. [9] 设$a_i \in \mathbb{R}_+, i = 1, 2, \cdots, 6$, 且$a_1 + a_4 = a_2 + a_5 = a_3 + a_6 = k$, 试证

$$a_1a_5 + a_2a_6 + a_3a_4 + \frac{a_1a_2a_3}{k} < k^2.$$

(《数学通报》1992 年8 月问题786)

证明 设事件A_1, A_2, A_3 相互独立, 且$P(A_1) = \frac{a_1}{k}, P(A_2) = \frac{a_2}{k}, P(A_3) = \frac{a_3}{k}$, 则

$$P(\overline{A_1}) = 1 - \frac{a_1}{k} = \frac{a_4}{k},$$
$$P(\overline{A_2}) = 1 - \frac{a_2}{k} = \frac{a_5}{k},$$
$$P(\overline{A_3}) = 1 - \frac{a_3}{k} = \frac{a_6}{k},$$

由概率的一般加法公式, 有

$$P(A_1 \cup A_2 \cup A_3)-$$
$$=P(A_1) + P(A_2) + P(A_3) - P(A_1)P(A_2)$$

$$P(A_2)P(A_3) - P(A_3)P(A_1) + P(A_1)P(A_2)P(A_3)$$
$$=\frac{a_1}{k} + \frac{a_2}{k} + \frac{a_3}{k} - \frac{a_1 a_2}{k^2} - \frac{a_2 a_3}{k^2} - \frac{a_3 a_1}{k^2} + \frac{a_1 a_2 a_3}{k^3}$$
$$=\frac{a_1}{k}\left(1 - \frac{a_2}{k}\right) + \frac{a_2}{k}\left(1 - \frac{a_3}{k}\right) + \frac{a_3}{k}\left(1 - \frac{a_1}{k}\right) + \frac{a_1 a_2 a_3}{k^3}$$
$$=\frac{a_1 a_5}{k^2} + \frac{a_2 a_6}{k^2} + \frac{a_3 a_4}{k^2} + \frac{a_1 a_2 a_3}{k^3}.$$

另外

$$P(A_1 \cup A_2 \cup A_3) = 1 - P(\overline{A}_1)P(\overline{A}_2)P(\overline{A}_3) = 1 - \frac{a_4 a_5 a_6}{k^3} < 1.$$

例 2.14. [9] 设 $a_k \geq 0, k = 1, 2, \cdots, n$, 且 $\sum\limits_{k=1}^{n} a_k \leq \frac{1}{2}$, 则

$$\prod_{k=1}^{n}(1 - a_k) \geq \frac{1}{2}.$$

（波兰65–66 中学数学竞赛题）

证明 设 $A_1, A_2, \cdots, A_n$ 相互独立, 且 $P(A_k) = a_k, k = 1, 2, \cdots, n$, 因

$$P\left(\bigcup_{k=1}^{n} A_k\right) = 1 - P\left(\prod_{k=1}^{n} \overline{A}_k\right)$$
$$= 1 - \prod_{k=1}^{n}(1 - a_k)$$

另外

$$P\left(\bigcup_{k=1}^{n} A_k\right) \leq \sum_{k=1}^{n} P(A_k) = \sum_{k=1}^{n} a_k$$

从而

$$1 - \prod_{k=1}^{n}(1 - a_k) \leq \sum_{k=1}^{n} a_k$$

即

$$\prod_{k=1}^{n}(1-a_k) \geq 1 - \sum_{k=1}^{n} a_k \leq \frac{1}{2}$$

例 2.15. [9] (Weierstrass不等式) 设$0 < a_k < 1, k = 1, 2, \cdots, n$, 则

$$1 - \sum_{k=1}^{n} a_k < \prod_{k=1}^{n}(1-a_k) < \left(1 + \sum_{k=1}^{n} a_k\right)^{-1} \quad (2.22)$$

（见[10, p. 158] 第88 题）

证明 设$A_1, A_2, \cdots, A_n$ 相互独立, 且$P(A_k) = a_k, k = 1, 2, \cdots, n$, 由于必然事件

$$\Omega = A_1 \cup \overline{A}_1 A_2 \cup \overline{A}_1\overline{A}_2 A_3 \cup \cdots \cup \overline{A}_1 \cdots \overline{A}_{n-1}A_n \cup$$
$$\overline{A}_1\overline{A}_2 \cdots \overline{A}_n,$$

所以

$$P(\Omega) = P(A_1) + P(\overline{A}_1)P(A_2) +$$
$$P(\overline{A}_1)P(\overline{A}_2)P(A_3) + \cdots +$$
$$P(\overline{A}_1) \cdots P(\overline{A}_{n-1})P(A_n) +$$
$$P(\overline{A}_1)P(\overline{A}_2) \cdots P(\overline{A}_n)$$

即

$$1 = a_1 + (1-a_1)a_2 + (1-a_1)(1-a_2)a_3 + \cdots +$$
$$(1-a_1) \cdots (1-a_{n-1})a_n +$$
$$(1-a_1)(1-a_2) \cdots (1-a_n)$$

$$> \prod_{k=1}^{n}(1-a_k)(a_1+a_2+\cdots+a_n+1)$$

$$= \prod_{k=1}^{n}(1-a_k)\left(1+\sum_{k=1}^{n}a_k\right)$$

由此即证得式(2.22)的右边不等式. 又

$$\begin{aligned}
1 =& a_1 + (1-a_1)a_2 + (1-a_1)(1-a_2)a_3 + \cdots + \\
& (1-a_1)\cdots(1-a_{n-1})a_n + \\
& (1-a_1)(1-a_2)\cdots(1-a_n) \\
<& a_1 + a_2 + \cdots + a_n + (1-a_1)(1-a_2)\cdots(1-a_n) \\
=& \sum_{k=1}^{n}a_k + \prod_{k=1}^{n}(1-a_k),
\end{aligned}$$

由此即证得式(2.22)左边的不等式.

例 2.16. [9] 设自然数$m_j < n_j$, $j = 1, 2, \cdots, k$, 令

$$A = \sum_{j=1}^{k}n_j, \ B = \sum_{j=1}^{k}m_j,$$

则

$$0 < \prod_{j=1}^{k}\mathrm{C}_{n_j}^{m_j} \leq \mathrm{C}_A^B. \qquad (2.23)$$

(见[10, p. 112] 第115 题)

证明 盒中装有$A = \sum\limits_{j=1}^{k}n_j$ 个球, 其中有n_j 个球标有号码j, $j = 1, 2, \cdots, k$. 现从中任取$B = \sum\limits_{j=1}^{k}m_j$个球, 则恰好取得$m_1$ 个1 号球, m_2 个2 号球, $\cdots$, m_k 个k 号球的概率为$\dfrac{\prod\limits_{j=1}^{k}\mathrm{C}_{n_j}^{m_j}}{\mathrm{C}_A^B}$, 而任何事件的概率总是不

超过1 的, 由此即证得式(2.23)右边不等式, 而左边的不等式显然成立.

2.2 Turner-Conway不等式

定理 2.2. 若$a_{j_k} + b_{j_k} = 1, 0 < a_{j_k} < 1, j = 1, \cdots, m, k = 1, \cdots, n, m, n > 1$, 则

$$\prod_{j=1}^{m}\left(1 - \prod_{k=1}^{n} a_{j_k}\right) + \prod_{j=1}^{n}\left(1 - \prod_{k=1}^{m} b_{j_k}\right) > 1. \quad (2.24)$$

上式为著名的Turner-Conway(特纳–康韦)不等式. Carlitz(卡利茨) [18]曾用数学归纳法证明了式(2.24), 这里用概率方法给出式(2.24)一个简洁的证明.

证明 设事件$A_{j_k}, j = 1, \cdots, m, k = 1, \cdots, n$ 相互独立, 且$P(A_{j_k}) = a_{j_k}$, 则$P(\overline{A}_{j_k}) = b_{j_k}$. 注意

$$P\left[\bigcup_{j=1}^{m}\left(\bigcap_{k=1}^{n} A_{j_k}\right)\right] = 1 - P\left[\overline{\bigcap_{j=1}^{m}\left(\bigcap_{k=1}^{n} A_{j_k}\right)}\right]$$

$$= 1 - P\left[\bigcap_{j=1}^{m}\left(\bigcup_{k=1}^{n} \overline{A}_{j_k}\right)\right] = 1 - \prod_{j=1}^{m} P\left(\bigcup_{k=1}^{n} \overline{A}_{j_k}\right)$$

$$= 1 - \prod_{j=1}^{m}\left[1 - P\left(\overline{\bigcap_{k=1}^{n} \overline{A}_{j_k}}\right)\right]$$

$$= 1 - \prod_{j=1}^{m}\left[1 - P\left(\bigcap_{k=1}^{n} A_{j_k}\right)\right]$$

$$= 1 - \prod_{j=1}^{m}\left[1 - \prod_{k=1}^{n} P\left(A_{j_k}\right)\right] = 1 - \prod_{j=1}^{m}\left(1 - \prod_{k=1}^{n} a_{j_k}\right),$$

而

$$P\left[\bigcap_{k=1}^{n}\bigcup_{j=1}^{m}A_{j_k}\right] = \prod_{k=1}^{n}P\left(\bigcap_{j=1}^{m}A_{j_k}\right)$$

$$= \prod_{k=1}^{n}\left[1 - P\left(\overline{\bigcup_{j=1}^{m}A_{j_k}}\right)\right]$$

$$= \prod_{k=1}^{n}\left[1 - \prod_{j=1}^{m}P\left(\overline{A}_{j_k}\right)\right] = \prod_{k=1}^{n}\left(1 - \prod_{j=1}^{m}b_{j_k}\right).$$

由于式(2.24)等价于

$$P\left(\bigcup_{j=1}^{m}\bigcap_{k=1}^{n}A_{j_k}\right) < P\left(\bigcap_{k=1}^{n}\bigcup_{j=1}^{m}A_{j_k}\right), \qquad (2.25)$$

不妨设$m \geq n$, 因$A_{j_k} \subset \bigcap\limits_{j=1}^{m}A_{j_k}, k = 1, \cdots, n$, 则

$$\bigcap_{k=1}^{n}A_{i_k} \subset \bigcap_{k=1}^{n}\bigcup_{j=1}^{m}A_{j_k}, j = 1, \cdots, m,$$

进而有

$$\bigcup_{j=1}^{m}\bigcap_{k=1}^{n}A_{j_k} \subset \bigcap_{k=1}^{n}\bigcap_{j=1}^{m}A_{j_k},$$

于是

$$P\left(\bigcap_{k=1}^{n}\bigcup_{j=1}^{m}A_{j_k}\right) - P\left(\bigcup_{j=1}^{m}\bigcap_{k=1}^{n}A_{j_k}\right)$$

$$= P\left(\bigcap_{k=1}^{n}\bigcup_{j=1}^{m}A_{j_k} - \bigcup_{j=1}^{m}\bigcap_{k=1}^{n}A_{j_k}\right). \qquad (2.26)$$

注意

$$\bigcap_{k=1}^{n} \bigcup_{j=1}^{m} A_{j_k} - \bigcup_{j=1}^{m} \bigcap_{k=1}^{n} A_{j_k} = \bigcap_{k=1}^{n} \bigcup_{j=1}^{m} A_{j_k} \cdot \overline{\bigcup_{j=1}^{m} \bigcap_{k=1}^{n} A_{j_k}}$$

$$= \bigcap_{k=1}^{n} \bigcup_{j=1}^{m} A_{j_k} \cdot \bigcap_{j=1}^{m} \overline{\bigcap_{k=1}^{n} A_{j_k}} = \bigcap_{k=1}^{n} \bigcup_{j=1}^{m} A_{j_k} \cdot \bigcap_{j=1}^{m} \bigcup_{k=1}^{n} \overline{A}_{j_k}$$

$$(2.27)$$

易见

$$\bigcap_{k=1}^{n} A_{k_k} \subset \bigcap_{k=1}^{n} \bigcup_{j=1}^{m} A_{j_k}, \ \overline{A}_{1_2} \cdot \bigcap_{j=2}^{m} \overline{A}_{j_1} \subset \bigcap_{j=1}^{m} \bigcup_{k=1}^{n} \overline{A}_{j_k},$$

则

$$\bigcap_{k=1}^{n} A_{k_k} \subset \bigcap_{k=1}^{n} \bigcup_{j=1}^{m} A_{j_k},$$

$$\overline{A}_{1_2} \cdot \bigcap_{j=2}^{m} \overline{A}_{j_1} \subset \bigcap_{k=1}^{n} \bigcup_{j=1}^{m} A_{j_k} \cdot \bigcap_{j=1}^{m} \bigcup_{k=1}^{n} \overline{A}_{j_k}.$$

由式(2.27)有

$$P\left(\bigcap_{k=1}^{n} \bigcup_{j=1}^{m} A_{j_k} - \bigcup_{j=1}^{m} \bigcap_{k=1}^{n} A_{j_k} \right)$$

$$\geq P\left(\bigcap_{k=1}^{n} A_{k_k} \cdot \overline{A}_{1_2} \cdot \bigcap_{j=1}^{m} \overline{A}_{j_1} \right)$$

$$= \prod_{k=1}^{n} b_{k_k} \cdot (1 - b_{1_2}) \cdot \prod_{j=2}^{m} (1 - b_{j_1}) > 0,$$

从而由式(2.26),即知式(2.25)成立, 定理证毕.

若取 $a_{j_k} = x_j, b_{j_k} = y_j, j = 1, \cdots, m,$ 则由定理可得如下推论.

推论 2.4. 对任意$m, n \in \mathbf{N}$ 与满足$x_i + y_i = 1, i = 1, \cdots, n$ 的$x_1, \cdots, x_n, y_1, \cdots, y_n \in (0, 1)$, 有

$$(1 - x_1 \cdots x_n)^m + (1 - y_1^m) \cdots (1 - y_n^m) > 1. \quad (2.28)$$

进一步再取$x_j = x, y_j = y, j = 1, \cdots, n$, 则由推论2.4 可得

$$(1 - x^n)^m + (1 - y^m)^n > 1. \quad (2.29)$$

2.3 一个不等式命题

命题 2.2. 当$0 < x_1, x_2, \cdots, x_n < 1$ 时, 有不等式

$$\sum_{i=1}^{n} \frac{x_1 x_2 \cdots x_n}{x_i} - (n-1) \prod_{i=1}^{n} x_i < 1. \quad (2.30)$$

文[19] 用数学归纳法证明了该命题. 笔者在文[20]中利用概率方法给出该命题的如下证明, 并将其推广到一般初等对称函数的情形.

证明 式(2.30)等价于

$$\sum_{i=1}^{n} \frac{x_1 x_2 \cdots x_n}{x_i} - n \prod_{i=1}^{n} x_i < 1 - \prod_{i=1}^{n} x_i. \quad (2.31)$$

设$A_1, A_2, \cdots, A_n$ 是同一随机试验中的n 个相互独立的随机事件, 且$P(A_i) = x_i, i = 1, \cdots, n$. 又记

$$B_1 = \bar{A}_1 A_2 \cdots A_n, B_2 = A_1 \bar{A}_2 \cdots A_n, \cdots,$$

$$B_{n-1} = A_1 \cdots \bar{A}_{n-1} A_n, B_n = A_1 \cdots A_{n-1} \bar{A}_n.$$

不难验证$B_1, B_2, \cdots, B_n$互不相容, 且$B_i \subset \bar{A}_i, i = 1, \cdots, n$. 于是

$$\sum_{i=1}^n \frac{x_1 x_2 \cdots x_n}{x_i} - n \prod_{i=1}^n x_i +$$

$$= P(A_2 A_3 \cdots A_n) + P(A_1 A_3 \cdots A_n) + \cdots +$$
$$\quad P(A_1 \cdots A_{n-2} A_n) + P(A_1 \cdots A_{n-1}) - n P(A_1 \cdots A_n)$$
$$= [P(A_2 A_3 \cdots A_n) - P(A_1 \cdots A_n)] +$$
$$\quad [P(A_1 A_3 \cdots A_n) - P(A_1 \cdots A_n)] + \cdots +$$
$$\quad [P(A_1 \cdots A_{n-2} A_n) - P(A_1 \cdots A_n)] +$$
$$\quad [P(A_1 \cdots A_{n-1}) - P(A_1 \cdots A_n)]$$
$$= P(\bar{A}_1 A_2 \cdots A_n) + P(A_1 \bar{A}_2 \cdots A_n) + \cdots +$$
$$\quad P(A_1 \cdots \bar{A}_{n-1} A_n) + P(A_1 \cdots A_{n-1} \bar{A}_n)$$
$$= P(B_1 \cup B_2 \cup \cdots \cup B_n) \quad (\text{注意} B_1, \cdots, B_n \text{互不相容})$$
$$\leq P(\bar{A}_1 \cup \bar{A}_2 \cdots \cup \bar{A}_n) \quad (\text{注意} B_i \subset \bar{A}_i, i = 1, \cdots, n)$$
$$= 1 - P(A_1 A_2 \cdots A_n)$$
$$= 1 - \prod_{i=1}^n x_i \quad (\text{注意} A_1, A_2 \cdots, A_n \text{ 相互独立})$$
$$\leq 1,$$

式(2.31)得证, 从而式(2.30)成立, 证毕.

为了将命题推广至一般初等对称函数的情形, 我们先考查一个简单的情形.

定理 2.3. 设$0 < x_1, x_2, x_3, x_4 < 1$, 则

$$2 \sum_{1 \leq i_1 < i_2 \leq 4} x_{i_1} x_{i_2} - 3 \sum_{1 \leq i_1 < i_2 < i_3 \leq 4} x_{i_1} x_{i_2} x_{i_3} < 4 \tag{2.32}$$

证明 设 A_1, A_2, A_3, A_4 是同一随机试验中的四个相互独立的随机事件, 且 $P(A_i) = x_i, i = 1, 2, 3, 4$, 则

$$4 > 4 - \sum_{1 \le i_1 < i_2 < i_3 \le 4} x_{i_1} x_{i_2} x_{i_3}$$

$$= 1 - P(A_1 A_2 A_3) + 1 - P(A_1 A_2 A_4) +$$
$$1 - P(A_1 A_3 A_4) + 1 - P(A_2 A_3 A_4)$$
$$= P(\bar{A}_1 \cup \bar{A}_2 \cup \bar{A}_3) + P(\bar{A}_1 \cup \bar{A}_2 \cup \bar{A}_4) +$$
$$P(\bar{A}_1 \cup \bar{A}_3 \cup \bar{A}_4) + P(\bar{A}_2 \cup \bar{A}_3 \cup \bar{A}_4)$$
$$\ge P(\bar{A}_1 A_2 A_3) + P(A_1 \bar{A}_2 A_3) + P(A_1 A_2 \bar{A}_3) +$$
$$P(\bar{A}_1 A_2 A_4) + P(A_1 \bar{A}_2 A_4) + P(A_1 A_2 \bar{A}_4) +$$
$$P(\bar{A}_1 A_3 A_4) + P(A_1 \bar{A}_3 A_4) + P(A_1 A_3 \bar{A}_4) +$$
$$P(\bar{A}_2 A_3 A_4) + P(A_2 \bar{A}_3 A_4) + P(A_2 A_3 \bar{A}_4)$$
$$= [P(A_2 A_3) - P(A_1 A_2 A_3)] + [P(A_1 A_3) - P(A_1 A_2 A_3)] +$$
$$[P(A_1 A_2) - P(A_1 A_2 A_3)] + [P(A_2 A_4) - P(A_1 A_2 A_4)] +$$
$$[P(A_1 A_4) - P(A_1 A_2 A_4)] + [P(A_1 A_2) - P(A_1 A_2 A_4)] +$$
$$[P(A_3 A_4) - P(A_1 A_3 A_4)] + [P(A_1 A_4) - P(A_1 A_3 A_4)] +$$
$$[P(A_1 A_3) - P(A_1 A_3 A_4)] + [P(A_3 A_4) - P(A_2 A_3 A_4)] +$$
$$[P(A_2 A_4) - P(A_2 A_3 A_4)] + [P(A_2 A_3) - P(A_2 A_3 A_4)]$$
$$= 2 \sum_{1 \le i_1 < i_2 \le 4} x_{i_1} x_{i_2} - 3 \sum_{1 \le i_1 < i_2 < i_3 \le 4} x_{i_1} x_{i_2} x_{i_3}.$$

一般地, 我们有如下定理.

定理 2.4. 设 $0 < x_1, x_2, \cdots, x_n < 1$, 则

$$(n - k + 1) \sum_{1 \le i_1 < \cdots < i_{k-1} \le n} \prod_{j=1}^{k-1} x_{i_j} -$$

37

$$k \sum_{1 \le i_1 < \cdots < i_k \le n} \prod_{j=1}^{k} x_{i_j} < \mathrm{C}_n^k. \qquad (2.33)$$

证明 设 $A_1, A_2, \cdots, A_n$ 是同一随机试验中的 n 个相互独立的随机事件, 且 $P(A_i) = x_i, i = 1, 2, \cdots, n$, 则

$$\mathrm{C}_n^k > \mathrm{C}_n^k - \sum_{1 \le i_1 < \cdots < i_k \le n} \prod_{j=1}^{k} x_{i_j}$$

$$= \sum_{1 \le i_1 < \cdots < i_k \le n} \left(1 - \prod_{j=1}^{k} x_{i_j} \right)$$

$$= \sum_{1 \le i_1 < \cdots < i_k \le n} \left[1 - \bigcap_{j=1}^{k} P(A_{i_j}) \right]$$

$$= \sum_{1 \le i_1 < \cdots < i_k \le n} \left[1 - P\left(\prod_{j=1}^{k} A_{i_j} \right) \right]$$

$$= \sum_{1 \le i_1 < \cdots < i_k \le n} P\left(\bar{A}_{i_1} \cup \bar{A}_{i_2} \cup \cdots \cup \bar{A}_{i_k} \right)$$

$$\ge \sum_{1 \le i_1 < \cdots < i_k \le n} \sum_{j=1}^{k} P(A_{i_1} \cdots A_{i_{j-1}} \bar{A}_{i_j} A_{i_{j+1}} \cdots A_{i_k})$$

$$= \sum_{1 \le i_1 < \cdots < i_k \le n} \sum_{j=1}^{k} [P(A_{i_1} \cdots A_{i_{j-1}} A_{i_{j+1}} \cdots A_{i_k}) -$$

$$P(A_{i_1} A_{i_2} \cdots A_{i_k})]$$

$$= (n - k + 1) \sum_{1 \le i_1 < \cdots < i_k \le n} P(A_{i_1} A_{i_2} \cdots A_{i_{k-1}}) -$$

$$k \sum_{1 \le i_1 < \cdots < i_k \le n} P(A_{i_1} A_{i_2} \cdots A_{i_k})$$

$$= (n - k + 1) \sum_{1 \le i_1 < \cdots < i_{k-1} \le n} \prod_{j=1}^{k-1} x_{i_j} -$$

38

$$k \sum_{1 \leq i_1 < \cdots < i_k \leq n} \prod_{j=1}^{k} x_{i_j},$$

由此即得到式(2.33), 证毕.

2.4 数学期望与不等式

2.4.1 几个著名不等式的概率证明

例 2.17. [8] (Schweitzer 不等式) 设$0 < p \leq a_k \leq q, k = 1, 2, \cdots, n,$ 则

$$\left(\frac{1}{n}\sum_{k=1}^{n}a_k\right)\left(\frac{1}{n}\sum_{k=1}^{n}a_k^{-1}\right) \leq \frac{(p+q)^2}{4pq}.$$

(见文[10, p. 173]第205(2)题)

证明 设随机变量ξ 的分布列为

$$P(\xi = a_k) = \frac{1}{n}, k = 1, 2, \cdots, n,$$

则

$$E(\xi) = \frac{1}{n}\sum_{k=1}^{n}a_k, \quad E(\xi^{-1}) = \frac{1}{n}\sum_{k=1}^{n}a_k^{-1}.$$

令

$$\eta = (q - \xi)(p^{-1} - \xi^{-1}),$$

由于$\eta \geq 0$, 所以$E(\eta) \geq 0$, 而

$$E(\eta) = E(q - \xi)(p^{-1} - \xi^{-1})$$
$$= E(qp^{-1} - q\xi^{-1} - \xi p^{-1} + 1)$$

39

$$= qp^{-1} + 1 - qE(\xi^{-1}) - p^{-1}E(\xi)$$

从而

$$qE(\xi^{-1}) + p^{-1}E(\xi) \le 1 + qp^{-1},$$

又

$$qE(\xi^{-1}) + p^{-1}E(\xi) \ge 2[qp^{-1}E(\xi^{-1})E(\xi)]^{\frac{1}{2}},$$

则

$$2[qp^{-1}E(\xi^{-1})E(\xi)]^{\frac{1}{2}} \le 1 + qp^{-1},$$

即

$$E(\xi^{-1})E(\xi) \le \frac{p}{4q}\left(1 + \frac{q}{p}\right)^2 = \frac{(p+q)^2}{4pq},$$

由此即得证.

例 2.18. [8](平方–算术平均值不等式) 设 $a_i \ge 0, i = 1, 2, \cdots, n$, 则

$$\frac{1}{n}\sum_{i=1}^{n} a_i \le \left(\frac{1}{n}\sum_{i=1}^{n} a_i^2\right)^{\frac{1}{2}}, \qquad (2.34)$$

且等号成立当且仅当 $a_1 = a_2 = \cdots = a_n$.

证明 设随机变量 ξ 的概率分布为

$$P(\xi = a_i) = \frac{1}{n}, i = 1, 2, \cdots, n,$$

由式(1.10)有

$$\frac{1}{n}\sum_{i=1}^{n} a_i^2 = E(\xi^2) \ge [E(\xi)]^2 = \left(\frac{1}{n}\sum_{i=1}^{n} a_i\right)^2,$$

两边开方即得所证不等式, 且等号成立当且仅当$a_1 = a_2 = \cdots = a_n$.

例 2.19. [8](调和–算术平均值不等式) 设$a_i \geq 0, i = 1, 2, \cdots, n$, 则

$$\frac{1}{n} \sum_{i=1}^{n} a_i \geq \frac{n}{\sum\limits_{i=1}^{n} \frac{1}{a_i}} \tag{2.35}$$

且等号成立当且仅当$a_1 = a_2 = \cdots = a_n$.

证明 设ξ 的概率分布为

$$P\left(\xi = \frac{\sum\limits_{i=1}^{n} a_i}{a_k}\right) = \frac{a_k}{\sum\limits_{i=1}^{n} a_i}, k = 1, 2, \cdots, n,$$

则

$$E(\xi^2) = \sum_{i=1}^{n} \left[\left(\frac{\sum\limits_{i=1}^{n} a_i}{a_k}\right)^2 \cdot \frac{a_k}{\sum\limits_{i=1}^{n} a_i}\right]$$

$$= \sum_{k=1}^{n} \frac{\sum\limits_{i=1}^{n} a_i}{a_k} = \left(\sum_{i=1}^{n} a_i\right) \cdot \left(\sum_{i=1}^{n} \frac{1}{a_i}\right),$$

而

$$E(\xi) = \sum_{i=1}^{n} \left[\left(\frac{\sum\limits_{i=1}^{n} a_i}{a_k}\right) \cdot \frac{a_k}{\sum\limits_{i=1}^{n} a_i}\right] = n,$$

41

由式(1.10)有

$$\left(\sum_{i=1}^n a_i\right)\left(\sum_{i=1}^n \frac{1}{a_i}\right) \geq n^2,$$

等号成立当且仅当 $\dfrac{\sum\limits_{i=1}^n a_i}{a_1} = \dfrac{\sum\limits_{i=1}^n a_i}{a_2} = \cdots = \dfrac{\sum\limits_{i=1}^n a_i}{a_n}$, 即

$$\frac{1}{n}\sum_{i=1}^n a_i \geq \frac{n}{\sum\limits_{i=1}^n \frac{1}{a_i}},$$

且等号成立当且仅当 $a_1 = a_2 = \cdots = a_n$.

例 2.20. [8](Cauchy-Schwarz 不等式) 设 a_1, $a_2, \cdots, a_n$, $b_1, b_2, \cdots, b_n$ 为任意实数, 则

$$\left(\sum_{i=1}^n a_i b_i\right)^2 \leq \left(\sum_{i=1}^n a_i^2\right) \cdot \left(\sum_{i=1}^n b_i^2\right) \qquad (2.36)$$

且等号成立当且仅当 $b_i = 0, i = 1, 2, \ldots, n$, 或存在常数 l 使得 $a_i = lb_i, i = 1, 2, \cdots, n$.

证明 若 $b_1, b_2, \cdots, b_n$ 都是零, 则等式成立.

若 $b_1, b_2, \cdots, b_n$ 不全为零, 不妨设 $b_1, b_2, \cdots, b_k$ 为零, 而 $b_{k+1} = b_{k+2} = \cdots = b_n = 0$, 首先证明

$$\left(\sum_{i=1}^k a_i b_i\right)^2 \leq \left(\sum_{i=1}^k a_i^2\right) \cdot \left(\sum_{i=1}^k b_i^2\right), \qquad (2.37)$$

即

$$\left[\sum_{j=1}^k \left| a_j \cdot \frac{\left(\sum\limits_{i=1}^k b_i^2\right)^{\frac{1}{2}}}{b_j} \cdot \frac{b_j^2}{\sum\limits_{i=1}^n b_i^2} \right|\right]^2 \leq \sum_{i=1}^k a_i^2.$$

设随机变量ξ的概率分布为

$$P\left[\xi = a_j \cdot \frac{\left(\sum\limits_{i=1}^{k} b_i^2\right)^{\frac{1}{2}}}{b_j}\right] = \frac{b_j^2}{\sum\limits_{i=1}^{n} b_i^2}, j = 1, 2, \cdots, k,$$

则

$$E(\xi^2) = \sum_{j=1}^{k}\left(a_j^2 \cdot \frac{\sum\limits_{i=1}^{k} b_i^2}{b_j^2} \cdot \frac{b_j^2}{\sum\limits_{i=1}^{n} b_i^2}\right) = \sum_{i=1}^{k} a_i^2,$$

$$E(\xi) = \sum_{j=1}^{k}\left[a_j \cdot \frac{\left(\sum\limits_{i=1}^{k} b_i^2\right)^{\frac{1}{2}}}{b_j} \cdot \frac{b_j^2}{\sum\limits_{i=1}^{n} b_i^2}\right] = \sum_{i=1}^{k} a_i^2.$$

由式(1.10)可知式(2.36)成立, 且等号成立当且仅当$\frac{a_1}{b_1} = \frac{a_2}{b_2} = \cdots = \frac{a_n}{b_n} = l$, 进而

$$\left(\sum_{i=1}^{n} a_i b_i\right)^2 = \left(\sum_{i=1}^{k} a_i b_i\right)^2$$

$$\leq \left(\sum_{i=1}^{k} a_i^2\right) \cdot \left(\sum_{i=1}^{k} b_i^2\right) \leq \left(\sum_{i=1}^{n} a_i^2\right) \cdot \left(\sum_{i=1}^{n} b_i^2\right)$$

且等号成立当且仅当$\frac{a_1}{b_1} = \frac{a_2}{b_2} = \cdots = \frac{a_k}{b_k} = l$, $b_{k+1} = b_{k+2} = \cdots = b_n = 0$, 即当$b_1, b_2, \cdots, b_n$ 不全为零时, 等号成立的充要条件是$a_i = l b_i, i = 1, 2, \cdots, n$.

总之, 所证不等式等号成立的充要条件是$b_i = 0, i = 1, 2, \cdots, n$ 或存在常数l, 使得$a_i = l b_i, i = 1, 2, \cdots, n$.

例 2.21. [8](Schapiro不等式)　设$0 \le a_i < 1, i = 1, 2, \cdots, n, \sum\limits_{i=1}^{n} a_i = a$, 则

$$\sum_{i=1}^{n} \frac{a_i}{1 - a_i} \ge \frac{na}{n - a}, \qquad (2.38)$$

且等号成立当且仅当$a_1 = a_2 = \cdots = a_n$.

证明　注意到

$$\sum_{i=1}^{n} \frac{a_i}{1 - a_i} = \sum_{i=1}^{n} \frac{1 - (1 - a_i)}{1 - a_i} = \sum_{i=1}^{n} \frac{1}{1 - a_i} - n,$$

所证不等式等价于

$$\sum_{i=1}^{n} \frac{1}{1 - a_i} \ge n + \frac{na}{n - a} = \frac{n^2}{n - a}$$

即

$$\sum_{i=1}^{n} \frac{1}{\frac{1 - a_i}{n - a}} \ge n^2. \qquad (2.39)$$

由于$0 \le \frac{1 - a_i}{n - a} < 1$, 且$\sum\limits_{i=1}^{n} \frac{1 - a_i}{n - a} = 1$, 可设随机变量$\xi$ 的概率分布为

$$P\left(\xi = \frac{1}{\frac{1 - a_i}{n - a}}\right) = \frac{1 - a_i}{n - a}, i = 1, 2, \cdots, n,$$

则

$$E(\xi^2) = \sum_{i=1}^{n} \left[\frac{1}{\left(\frac{1 - a_i}{n - a}\right)^2} \cdot \frac{1 - a_i}{n - a} \right] = \sum_{i=1}^{n} \frac{1}{\frac{1 - a_i}{n - a}},$$

$$E(\xi) = \sum_{i=1}^{n} \left(\frac{1}{\frac{1-a_i}{n-a}} \cdot \frac{1-a_i}{n-a} \right) = n,$$

由式(1.10)即证得式(2.39), 且等号成立当且仅当 $\frac{n-a}{1-a_1} = \frac{n-a}{1-a_2} = \cdots = \frac{n-a}{1-a_n}$, 即 $a_1 = a_2 = \cdots = a_n$.

例 2.22. [61] (Young(杨格)不等式) 若 $a > 0, b > 0$, 且 $p > 1, \frac{1}{p} + \frac{1}{q} = 1$, 则

$$ab \le \frac{a^p}{p} + \frac{b^q}{q}. \tag{2.40}$$

证明 设离散型随机变量 ξ 的概率分布列为

$$P(\xi = a^p) = \frac{1}{p}, P(\xi = b^q) = \frac{1}{q},$$

则 $E(\xi) = \frac{a^p}{p} + \frac{b^q}{q}$. 因为 $f(x) = \ln x$ 在 $(0, +\infty)$ 上是凹函数, 故

$$\begin{aligned} f[E(\xi)] &= \ln \left(\frac{a^p}{p} + \frac{b^q}{q} \right) \ge E[f(\xi)] \\ &= \frac{1}{p} \ln a^p + \frac{1}{q} \ln b^q = \ln ab, \end{aligned}$$

即有 $ab \le \frac{a^p}{p} + \frac{b^q}{q}$ 成立.

例 2.23. [71] (权方和不等式) 设 m 为正整数, $a_i, b_i > 0, i = 1, 2, \cdots, n$, 则

$$\left(\sum_{i=1}^{n} b_i \right)^m \left(\sum_{i=1}^{n} \frac{a_i^{m+1}}{b_i^m} \right) \ge \left(\sum_{i=1}^{n} a_i \right)^{m+1}. \tag{2.41}$$

证明 设随机变量 ξ 的分布列为

$$P\left(\xi = \frac{\sum\limits_{i=1}^{n} a_i^{m+1}}{\sum\limits_{i=1}^{n} b_i^{m+1}}\right) = \frac{b_i}{\sum\limits_{j=1}^{n} b_j}, i = 1, 2, \cdots, n.$$

于是

$$E(\xi) = \sum_{i=1}^{n} \frac{\sum\limits_{i=1}^{n} a_i^{m+1}}{\sum\limits_{i=1}^{n} b_i^{m+1}} \cdot \frac{b_i}{\sum\limits_{j=1}^{n} b_j} = \frac{1}{\sum\limits_{i=1}^{n} b_i} \sum_{i=1}^{n} \frac{\sum\limits_{i=1}^{n} a_i^{m+1}}{\sum\limits_{i=1}^{n} b_i^{m}},$$

$$E(\xi^{\frac{1}{m+n}}) = \sum_{i=1}^{n} \frac{\sum\limits_{i=1}^{n} a_i}{\sum\limits_{i=1}^{n} b_i} \cdot \frac{b_i}{\sum\limits_{j=1}^{n} b_j} = \frac{\sum\limits_{i=1}^{n} a_i}{\sum\limits_{i=1}^{n} b_i}.$$

由于 $0 < \frac{1}{m+n} < 1$, $x^{\frac{1}{m+n}}$ 是 $(0, +\infty)$ 上的凹函数, 故

$$E\left(\xi^{\frac{1}{m+n}}\right) \le [E(\xi)]^{\frac{1}{m+n}},$$

即

$$\left(\frac{\sum\limits_{i=1}^{n} a_i}{\sum\limits_{i=1}^{n} b_i}\right)^{m+1} \le \frac{1}{\sum\limits_{i=1}^{n} b_i} \sum_{i=1}^{n} \frac{\sum\limits_{i=1}^{n} a_i^{m+1}}{\sum\limits_{i=1}^{n} b_i^{m}},$$

整理即得不等式(2.41).

2.4.2 某些高中数学中的不等式的概率证明

例 2.24. [7] 如果 $a, b \in \mathbb{R}_+$, 且 $a \ne b$, 求证

$$a^3 + b^3 > a^2 b + a b^2. \tag{2.42}$$

(人民教育出版社数学室. 高级中学课本· 代数, 北京:人民教育出版社,1990)

证明 设随机变量ξ 的分布列为

$$P\left(\xi=\frac{a}{b}\right)=\frac{b}{a+b}, P\left(\xi=\frac{b}{a}\right)=\frac{a}{a+b},$$

则

$$E(\xi^2)=\left(\frac{a}{b}\right)^2\cdot\frac{b}{a+b}+\left(\frac{b}{a}\right)^2\cdot\frac{a}{a+b}=\frac{a^3+b^3}{a^2b+ab^2},$$

$$E(\xi)=\frac{a}{b}\cdot\frac{b}{a+b}+\frac{b}{a}\cdot\frac{a}{a+b}=1.$$

注意$a\neq b$, 由式(1.10)即得式(2.68). 式(2.68) 等价于

$$\frac{a^2}{b}+\frac{b^2}{a}>a+b. \tag{2.43}$$

类似地, 若设

$$P\left(\xi=\frac{a_i}{a_{i+1}}\right)=\frac{a_{i+1}}{\sum\limits_{j=1}^{n}a_j}, \ i=1,2,\cdots,n,$$

可证得式(2.43)的如下推广命题.

命题 2.3. 设$a_1,a_2,\cdots,a_n$ 是不全相等的正数, 则

$$\sum_{i=1}^{n}\frac{a_i^2}{a_{i+1}}>\sum_{i=1}^{n}a_i\ (规定a_{n+1}=a_1). \tag{2.44}$$

例 2.25. [7] 已知a, b, c 是不全相等的正数, 求证

$$a(b^2 + c^2) + b(c^2 + a^2) + c(a^2 + b^2) > 6abc. \quad (2.45)$$

(人民教育出版社数学室. 高级中学课本· 代数, 北京:人民教育出版社,1990)

证明 不等式(2.45) 等价于

$$\frac{b + c}{a} + \frac{c + a}{b} + \frac{a + b}{c} > 6. \quad (2.46)$$

设随机变量ξ 的分布列为

$$P\left(\xi = \frac{s}{a}\right) = \frac{a}{s}, P\left(\xi = \frac{s}{b}\right) = \frac{b}{s}, P\left(\xi = \frac{s}{c}\right) = \frac{c}{s},$$

其中$s = a + b + c$, 则

$$E(\xi^2) = \left(\frac{s}{a}\right)^2 \cdot \frac{a}{s} + \left(\frac{s}{b}\right)^2 \cdot \frac{b}{s} + \left(\frac{s}{c}\right)^2 \cdot \frac{c}{s}$$

$$= \frac{s}{a} + \frac{s}{b} + \frac{s}{c} = \frac{b + c}{a} + \frac{c + a}{b} + \frac{a + b}{c} + 3,$$

$$E(\xi) = \frac{s}{a} \cdot \frac{a}{s} + \frac{s}{b} \cdot \frac{b}{s} + \frac{s}{c} \cdot \frac{c}{s} = 3.$$

由式(1.10)即可得(2.46). 类似地证明可得式(2.46)的如下推广命题.

命题 2.4. 设$a_1, a_2, \cdots, a_n$ 是不全相等的正数, $n \geq 2$, 且$\sum_{i=1}^{n} a_i = s$, 则

$$\sum_{i=1}^{n} \frac{s - a_i}{a_i} > n(n + 1). \quad (2.47)$$

例 2.26. [7] 如果 $a, b, c \in \mathbb{R}_+$, 求证

$$\frac{a}{b+c} + \frac{b}{c+a} + \frac{c}{a+b} \geq \frac{3}{2}. \qquad (2.48)$$

证明 设随机变量 ξ 的分布列为

$$P\left(\xi = \frac{s}{b+c}\right) = \frac{b+c}{2s},$$

$$P\left(\xi = \frac{s}{c+a}\right) = \frac{c+a}{2s},$$

$$P\left(\xi = \frac{s}{a+b}\right) = \frac{a+b}{2s},$$

其中 $s = a + b + c$, 由式(1.10) 即可得式(2.48).

类似地证明可得式(2.48)的如下推广命题.

命题 2.5. 设 $a_i > 0, i = 1, \cdots, n,\ n \geq 2$, 且 $\sum\limits_{i=1}^{n} a_i = s$, 则

$$\sum_{i=1}^{n} \frac{a_i}{s - a_i} > \frac{n}{n+1}. \qquad (2.49)$$

例 2.27. [7] 如果 $a, b \in \mathbb{R}^+$, 且 $a \neq b$, 求证

$$(a^4 + b^4)(a^2 + b^2) > (a^3 + b^3)^2. \qquad (2.50)$$

证明 不等式等价于

$$(a^4 + b^4) > \frac{(a^3 + b^3)^2}{a^2 + b^2}. \qquad (2.51)$$

49

设随机变量 ξ 的分布列为

$$P(\xi = a) = \frac{a^2}{a^2 + b^2}, P(\xi = b) = \frac{b^2}{a^2 + b^2},$$

由式(1.10)即可得式(2.51). 类似地证明可得式(2.51)的如下推广命题.

命题 2.6. 设 $a_i > 0, i = 1, \cdots, n, n \geq 2$, 对任意 $m, k \in \mathbb{R}$, 有

$$\left(\sum_{i=1}^n a_i^{m+2k} \right) \left(\sum_{i=1}^n a_i^m \right) > \left(\sum_{i=1}^n a_i^{m+k} \right)^2. \quad (2.52)$$

例 2.28. [7] 如果 $a, b, c \in \mathbb{R}_+$, 求证

$$(a^4 + b^4 + c^4) \geq a^2b^2 + b^2c^2 + c^2a^2 \geq abc(a + b + c). \quad (2.53)$$

证明 设随机变量 ξ 的分布列为

$$P\left(\xi = \frac{a^2}{c^2}\right) = \frac{c^4}{s},$$

$$P\left(\xi = \frac{b^2}{a^2}\right) = \frac{a^4}{s},$$

$$P\left(\xi = \frac{c^2}{b^2}\right) = \frac{b^4}{s},$$

其中 $s = a^4 + b^4 + c^4$, 由式(1.10)即可得式(2.53) 左边不等式.

若设随机变量 ξ 的分布列为

$$P\left(\xi = \frac{c}{b}\right) = \frac{a^2b^2}{h},$$

50

$$P\left(\xi = \frac{a}{c}\right) = \frac{b^2 c^2}{h},$$

$$P\left(\xi = \frac{b}{a}\right) = \frac{c^2 a^2}{h},$$

其中$h = a^2 b^2 + b^2 c^2 + c^2 a^2$, 由式(1.10)即可得式(2.53)右边不等式, 类似的证明可得不等式(2.53) 的如下推广命题.

命题 2.7. 设$a_i > 0, i = 1, \cdots, n, n \geq 2$, 则

$$\sum_{i=1}^{n} a_i^4 \geq \sum_{i=1}^{n} a_i^2 a_{i+1}^2 \geq \sum_{i=1}^{n} a_i^2 a_{i+1} a_{i+2}, \qquad (2.54)$$

$$(5a_{n+k} = a_k, k = 1, 2)$$

例 2.29. [7] 已知$a, b, c \in \mathbb{R}_+$, 求证

$$a^3 + b^3 + c^3 + \frac{1}{a} + \frac{1}{b} + \frac{1}{c} \geq 2(a + b + c). \qquad (2.55)$$

证明 不等式(2.55)等价于

$$\frac{a^4 + 1}{a} + \frac{b^4 + 1}{b} + \frac{c^4 + 1}{c} \geq 2(a + b + c)$$

设随机变量ξ 的分布列为

$$P\left(\xi = \frac{a^2 - 1}{a}\right) = \frac{a}{s},$$

$$P\left(\xi = \frac{b^2 - 1}{b}\right) = \frac{b}{s},$$

$$P\left(\xi = \frac{c^2 - 1}{c}\right) = \frac{c}{s},$$

其中 $s = a + b + c$, 不难算得

$$E(\xi^2) = \frac{1}{s}\left(\frac{a^4+1}{a} + \frac{b^4+1}{b} + \frac{c^4+1}{c} - 2s\right),$$

$$E(\xi) = \frac{1}{s}\left(a^2 + b^2 + c^2 - 3\right),$$

由式(1.10)可知

$$E(\xi^2) = \frac{1}{s}\left(\frac{a^4+1}{a} + \frac{b^4+1}{b} + \frac{c^4+1}{c} - 2s\right)$$
$$\geq \frac{1}{s^2}\left(a^2 + b^2 + c^2 - 3\right)^2.$$

此式等价于

$$a^3 + b^3 + c^3 + \frac{1}{a} + \frac{1}{b} + \frac{1}{c} \geq \frac{(a^2 + b^2 + c^2 - 3)^2}{s} + 2s.$$

于是, 我们得到一个比式(2.55) 更强的不等式.

类似的证明可得不等式(2.55) 的如下推广命题.

命题 2.8. 设 $a_i > 0, i = 1, \cdots, n, n \geq 2$, 则

$$\sum_{i=1}^{n} a_i^3 + \frac{1}{a_i} \geq \frac{\left(\sum\limits_{i=1}^{n} a_i^2 - n\right)^2}{\sum\limits_{i=1}^{n} a_i} \geq 2\sum_{i=1}^{n} a_i. \quad (2.56)$$

从以上诸题可见:根据待证不等式的特点, 灵活地构造出一个适当的随机变量的分布列是证明的关键.

2.4.3 某些分式不等式的概率证明

例 2.30. [62] 设 $x_1, x_2, \cdots, x_n$ 是正数 $y_1, y_2, \cdots,$ y_n 的某一排列, 证明

$$\frac{y_1}{x_1} + \frac{y_2}{x_2} + \cdots + \frac{y_n}{x_n} \geq 1. \qquad (2.57)$$

(1935 年匈牙利数学奥林匹克试题)

证明 设随机变量 ξ 的分布列为

$$P\left(\xi = \frac{1}{x_i}\right) = \frac{x_i y_i}{\sum\limits_{i=1}^{n} x_i y_i}, \ i = 1, 2, \cdots, n,$$

则

$$E(\xi) = \frac{\sum\limits_{i=1}^{n} y_i}{\sum\limits_{i=1}^{n} x_i y_i},$$

$$E[(\xi)]^2 = \frac{(\sum\limits_{i=1}^{n} y_i)^2}{(\sum\limits_{i=1}^{n} x_i y_i)^2} \leq E(\xi^2) = \frac{\sum\limits_{i=1}^{n} \frac{y_i}{x_i}}{\sum\limits_{i=1}^{n} x_i y_i},$$

也就是

$$\sum_{i=1}^{n} \frac{y_i}{x_i} \geq \frac{(\sum\limits_{i=1}^{n} y_i)^2}{\sum\limits_{i=1}^{n} x_i y_i} \geq \frac{(\sum\limits_{i=1}^{n} y_i)^2}{(\sum\limits_{i=1}^{n} y_i)^2} = 1.$$

(注:这里运用了 $x_1, x_2, \cdots, x_n$ 是正数 $y_1, y_2, \cdots, y_n$ 的某一排列这一条件.)

例 2.31. [9] 令 $a_1, a_2, \cdots, a_n$ 与 $b_1, b_2, \cdots, b_n$ 为正实数, 且 $\sum\limits_{k=1}^{n} a_k = \sum\limits_{k=1}^{n} b_k$, 求证

$$\sum_{k=1}^{n} \frac{a_k^2}{a_k + b_k} \geq \frac{1}{2} \sum_{k=1}^{n} a_k. \qquad (2.58)$$

(1991 年亚太地区数学奥林匹克试题)

证明 设随机变量 ξ 的分布列为

$$P\left(\xi = \frac{a_k}{a_k + b_k}\right) = \frac{a_k + b_k}{\sum\limits_{i=1}^{n}(a_i + b_i)}, \ k = 1, 2, \ldots, n,$$

则

$$E(\xi^2) = \sum_{k=1}^{n} \frac{a_k^2}{(a_k + b_k)^2} \cdot \frac{a_k + b_k}{\sum\limits_{i=1}^{n}(a_i + b_i)}$$

$$= \sum_{k=1}^{n} \frac{a_k^2}{a_k + b_k} \cdot \frac{1}{\sum\limits_{i=1}^{n}(a_i + b_i)},$$

$$E(\xi) = \sum_{k=1}^{n} \frac{a_k}{a_k + b_k} \cdot \frac{a_k + b_k}{\sum\limits_{i=1}^{n}(a_i + b_i)} = \frac{\sum\limits_{k=1}^{n} a_k}{\sum\limits_{i=1}^{n}(a_i + b_i)} = \frac{1}{2}.$$

由于 $E(\xi^2) \geq [E(\xi)]^2$, 则

$$\sum_{k=1}^{n} \frac{a_k^2}{(a_k + b_k)^2} \cdot \frac{1}{\sum\limits_{i=1}^{n}(a_i + b_i)} \geq \frac{1}{4}$$

即

$$\sum_{k=1}^{n} \frac{a_k^2}{(a_k + b_k)^2} \geq \frac{1}{4} \sum_{i=1}^{n}(a_i + b_i) = \frac{1}{2} \sum_{k=1}^{n} a_k.$$

例 2.32. [62] 已知$a_1, a_2, \cdots, a_n$ 都是正数, 且其和为1, 求证

$$\frac{a_1^2}{a_1 + a_2} + \frac{a_2^2}{a_2 + a_3} + \cdots + \frac{a_n^2}{a_n + a_1} \geq \frac{1}{2}. \quad (2.59)$$

(第24届全苏数学奥林匹克试题)

证明 设随机变量ξ 的分布列为

$$P\left(\xi = \frac{a_i}{a_i + a_{i+1}}\right) = \frac{a_i + a_{i+1}}{\sum\limits_{j=1}^{n}(a_j + a_{j+1})}, j = 1, 2, \cdots, n,$$

这里规定$a_{n+1} = a_1$. 由$E(\xi^2) \geq [E(\xi)]^2$, 有

$$E(\xi^2) = 2\left(\frac{a_1^2}{a_1 + a_2} + \frac{a_2^2}{a_2 + a_3} + \cdots + \frac{a_n^2}{a_n + a_1}\right)$$

$$\geq [E(\xi)]^2 = \left[\frac{\sum\limits_{i=1}^{n} a_i}{\sum\limits_{i=1}^{n}(a_i + a_{i+1})}\right]^2 = \left(\frac{1}{2}\right)^2 = \frac{1}{4},$$

由此得证.

例 2.33. [8] 设$a_i > 0, i = 1, 2, \cdots, n, \sum\limits_{i=1}^{n} a_i = 1$, 试证

$$\sum_{i=1}^{n}\left(a_i + \frac{1}{a_i}\right)^2 \geq \frac{(n^2 + 1)^2}{n}. \quad (2.60)$$

(《数学通报》数学问题362 题)

证明 设随机变量ξ 的概率分布为

$$P\left(\xi = a_i + \frac{1}{a_i}\right) = \frac{1}{n}, i = 1, 2, \ldots, n,$$

则

$$E(\xi^2) = \frac{1}{n}\sum_{i=1}^{n}\left(a_i + \frac{1}{a_i}\right)^2,$$

55

$$E(\xi) = \frac{1}{n} \sum_{i=1}^{n} \left(a_i + \frac{1}{a_i} \right) = \frac{1}{n} \left(1 + \sum_{i=1}^{n} \frac{1}{a_i} \right),$$

由式(1.10)有

$$\sum_{i=1}^{n} \left(a_i + \frac{1}{a_i} \right)^2 \geq \frac{1}{n} \sum_{i=1}^{n} \left(a_i + \frac{1}{a_i} \right)^2$$

注意到 $\sum_{i=1}^{n} a_i = 1$, 由例2.19 知 $\sum_{i=1}^{n} \frac{1}{a_i} \geq n^2$, 从而

$$\sum_{i=1}^{n} \left(a_i + \frac{1}{a_i} \right)^2 \geq \frac{1}{n}(1 + n^2)^2 = \frac{(n^2 + 1)^2}{n}.$$

例 2.34. [28] 设 $a, b, c, d > 0$ 且 $ab + bc + cd + da = 1$, 求证:

$$\frac{a^3}{b+c+d} + \frac{b^3}{c+d+a} + \frac{c^3}{d+a+b} + \frac{d^3}{a+b+c} \geq \frac{1}{3}.$$
$$\tag{2.61}$$

(第31届IMO备选试题)

证明 构造随机变量 ξ 的分布列为

$$P\left(\xi = \frac{a}{b+c+d} \right) = \frac{a(b+c+d)}{m},$$
$$P\left(\xi = \frac{b}{c+d+a} \right) = \frac{b(c+d+a)}{m},$$
$$P\left(\xi = \frac{c}{d+a+b} \right) = \frac{c(d+a+b)}{m},$$
$$P\left(\xi = \frac{d}{a+b+c} \right) = \frac{d(a+b+c)}{m},$$

其中 $m = 2(ab + ac + ad + bc + bd + cd)$, 则

$$E(\xi^2) = \frac{1}{m} \left(\frac{a^3}{b+c+d} + \frac{b^3}{c+d+a} + \frac{c^3}{d+a+b} + \frac{d^3}{a+b+c} \right),$$

$$E(\xi^2) = \frac{1}{m}(a^2 + b^2 + c^2 + d^2).$$

由 $E(\xi^2) \geq [E(\xi)]^2$, 有

$$\left(\frac{a^3}{b+c+d} + \frac{b^3}{c+d+a} + \frac{c^3}{d+a+b} + \frac{d^3}{a+b+c} \right)$$

$$\geq \frac{1}{m}(a^2+b^2+c^2+d^2)^2$$

$$= \frac{(a^2+b^2+c^2+d^2)^2}{2(ab+ac+ad+bc+bd+cd)}$$

$$\geq \frac{(a^2+b^2+c^2+d^2)^2}{3(a^2+b^2+c^2+d^2)}$$

$$\geq \frac{ab+ac+ad+bc+bd+cd}{3} = \frac{1}{3}.$$

例 2.35. [8] 设 $a_i > 0, i = 1, 2, \cdots, n$, 求证

$$\frac{a_1^2}{a_2} + \frac{a_2^2}{a_3} + \cdots + \frac{a_{n-1}^2}{a_n} + \frac{a_n^2}{a_1} \geq a_1 + a_2 + \cdots + a_n. \quad (2.62)$$

(1984年全国高中数学联赛试题)

证明 设随机变量 ξ 的概率分布为

$$P\left(\xi = \frac{a_k}{a_{k+1}} \right) = \frac{a_{k+1}}{\sum\limits_{i=1}^{n} a_i}, k = 1, 2, \cdots, n,$$

(规定 $a_{n+1} = a_1$), 则

$$E(\xi^2) = \frac{a_1^2}{a_2^2} \cdot \frac{a_2}{\sum\limits_{i=1}^{n} a_i} + \frac{a_2^2}{a_3^2} \cdot \frac{a_3}{\sum\limits_{i=1}^{n} a_i} +$$

$$\frac{a_{n-1}^2}{a_n^2} \cdot \frac{a_n}{\sum\limits_{i=1}^{n} a_i} + \frac{a_n^2}{a_1^2} \cdot \frac{a_1}{\sum\limits_{i=1}^{n} a_i}$$

$$= \left(\frac{a_1^2}{a_2} + \frac{a_2^2}{a_3} + \cdots + \frac{a_{n-1}^2}{a_n} + \frac{a_n^2}{a_1} \right) \cdot \frac{1}{\sum\limits_{i=1}^{n} a_i},$$

$$E(\xi) = \frac{a_1}{a_2} \cdot \frac{a_2}{\sum\limits_{i=1}^{n} a_i} + \frac{a_2}{a_3} \cdot \frac{a_3}{\sum\limits_{i=1}^{n} a_i} + \cdots +$$

$$\frac{a_{n-1}}{a_n} \cdot \frac{a_n}{\sum\limits_{i=1}^{n} a_i} + \frac{a_n}{a_1} \cdot \frac{a_1}{\sum\limits_{i=1}^{n} a_i} = 1,$$

由式(1.10)即得证.

例 2.36. [8] 设 $a_1, a_2, \cdots, a_n$ 是两两不等的正整数, 求证

$$\sum_{k=1}^{n} \frac{a_k}{k^2} \geq \sum_{k=1}^{n} \frac{1}{k}. \tag{2.63}$$

(第20 届IMO试题)

证明 要证的不等式等价于

$$\sum_{k=1}^{n} \left[\frac{\left(\frac{1}{k}\right)^2}{\left(\frac{1}{a_k}\right)^2} \cdot \frac{\frac{1}{a_k}}{\left(\sum\limits_{i=1}^{n} \frac{1}{a_i}\right)} \right] \geq \frac{\sum\limits_{k=1}^{n} \frac{1}{k}}{\sum\limits_{k=1}^{n} \frac{1}{a_k}} \tag{2.64}$$

设随机变量 ξ 的概率分布为

$$P\left(\xi = \frac{\frac{1}{k}}{\frac{1}{a_k}}\right) = \frac{\frac{1}{a_k}}{\sum\limits_{i=1}^{n} \frac{1}{a_i}}, k = 1, 2, \ldots, n,$$

由式(1.10)有

$$\sum_{k=1}^{n} \left[\frac{\left(\frac{1}{k}\right)^2}{\left(\frac{1}{a_k}\right)^2} \cdot \frac{\frac{1}{a_k}}{\sum\limits_{i=1}^{n} \frac{1}{a_i}} \right]$$

$$\geq \left[\sum_{k=1}^{n} \left(\frac{\frac{1}{k}}{\frac{1}{a_k}} \cdot \frac{\frac{1}{a_k}}{\sum\limits_{i=1}^{n} \frac{1}{a_i}} \right) \right]^2 = \left(\frac{\sum\limits_{k=1}^{n} \frac{1}{k}}{\sum\limits_{k=1}^{n} \frac{1}{a_k}} \right)^2. \tag{2.65}$$

由于 $a_1, a_2, \cdots, a_n$ 是两两不等的正整数, 易见

$$\sum_{k=1}^{n} \frac{1}{k} \geq \sum_{k=1}^{n} \frac{1}{a_k},$$

即

$$\frac{\sum_{k=1}^{n}\frac{1}{k}}{\sum_{k=1}^{n}\frac{1}{a_k}} \geq 1,$$

从而

$$\left(\frac{\sum_{k=1}^{n}\frac{1}{k}}{\sum_{k=1}^{n}\frac{1}{a_k}}\right)^2 \geq \frac{\sum_{k=1}^{n}\frac{1}{k}}{\sum_{k=1}^{n}\frac{1}{a_k}},$$

结合式(2.65)即证得式(2.63).

例 2.37. [25] 若 $x, y, z \in \mathbb{R}_+$，且 $x + y + z = 1$，求证

$$\frac{1}{x} + \frac{2}{y} + \frac{3}{z} \geq 36. \tag{2.66}$$

（1990 年日本IMO代表队选拔题）

证明 构造随机变量 ξ 的分布列为

$$P\left(\xi = \frac{1}{x}\right) = x, P\left(\xi = \frac{2}{y}\right) = y, P\left(\xi = \frac{3}{z}\right) = z.$$

则

$$E(\xi) = \frac{1}{x} \cdot x + \frac{2}{y} \cdot y + \frac{3}{z} \cdot z = 6.$$

$$E(\xi^2) = \left(\frac{1}{x}\right)^2 \cdot x + \left(\frac{2}{y}\right)^2 \cdot y + \left(\frac{3}{z}\right)^2 \cdot z = \frac{1}{x} + \frac{4}{y} + \frac{9}{z}.$$

由 $E(\xi^2) \geq [E(\xi)]^2$ 得 $\frac{1}{x} + \frac{2}{y} + \frac{3}{z} \geq 36$，当且仅当 $\frac{1}{x} = \frac{2}{y} = \frac{3}{z} = 6$，即 $x = \frac{1}{6}, y = \frac{1}{3}, z = \frac{1}{2}$ 时等式成立.

例 2.38. [25] 已知 a, b, c 是正数，求证

$$\frac{a^2}{b+c} + \frac{b^2}{a+c} + \frac{c^2}{a+b} \geq \frac{1}{2}(a+b+c). \tag{2.67}$$

（第二届"友谊杯"国际数学竞赛试题）

证明 构造随机变量 ξ 的分布列为:

$$P\left(\xi = \frac{a}{b+c}\right) = \frac{b+c}{2(a+b+c)},$$

$$P\left(\xi = \frac{b}{a+c}\right) = \frac{a+c}{2(a+b+c)},$$

$$P\left(\xi = \frac{c}{a+b}\right) = \frac{a+b}{2(a+b+c)}.$$

则

$$E(\xi) = \frac{a}{b+c} \cdot \frac{b+c}{2(a+b+c)} + \frac{b}{a+c} \cdot \frac{a+c}{2(a+b+c)} +$$

$$\frac{c}{a+b} \cdot \frac{a+b}{2(a+b+c)} = \frac{1}{2}.$$

$$E(\xi^2) = \left(\frac{a}{b+c}\right)^2 \cdot \frac{b+c}{2(a+b+c)} + \left(\frac{b}{a+c}\right)^2 \cdot$$

$$\frac{a+c}{2(a+b+c)} + \left(\frac{c}{a+b}\right)^2 \cdot \frac{a+b}{2(a+b+c)}$$

$$= \left(\frac{a^2}{b+c} + \frac{b^2}{a+c} + \frac{c^2}{a+b}\right) \cdot \frac{1}{2(a+b+c)}.$$

由 $E(\xi^2) \geq [E(\xi)]^2$, 得

$$\left(\frac{a^2}{b+c} + \frac{b^2}{a+c} + \frac{c^2}{a+b}\right) \cdot \frac{1}{2(a+b+c)} \geq \left(\frac{1}{2}\right)^2,$$

即式(2.67)成立, 当且仅当 $\frac{a}{b+c} = \frac{b}{a+c} = \frac{c}{a+b} = \frac{1}{2}$, 即 $a = b = c$ 时等式成立.

例 2.39. [2] 如果 a, b, c 是正实数, $abc = 1$, 则

$$\frac{1}{a^3(b+c)} + \frac{1}{b^3(c+a)} + \frac{1}{c^3(a+b)} \geq \frac{3}{2}. \quad (2.68)$$

(第36届IMO试题)

证明 作变换 $x = bc, y = ca, z = ab$, 并记 $s = x + y + z$, 则

$$\frac{1}{a^3(b+c)} + \frac{1}{b^3(c+a)} + \frac{1}{c^3(a+b)}$$
$$=\frac{x^2}{y+z} + \frac{y^2}{z+x} + \frac{z^2}{x+y} = \frac{x^2}{s-x} + \frac{y^2}{s-y} + \frac{z^2}{s-z}.$$

我们定义随机变量ξ如下

$$P\left(\xi = \frac{x}{s-x}\right) = \frac{s-x}{2s},$$
$$P\left(\xi = \frac{y}{s-y}\right) = \frac{s-y}{2s},$$
$$P\left(\xi = \frac{z}{s-z}\right) = \frac{s-z}{2s},$$

则

$$E(\xi) = \frac{x}{s-x} \cdot \frac{s-x}{2s} + \frac{y}{s-y} \cdot \frac{s-y}{2s} + \frac{z}{s-z} \cdot \frac{s-z}{2s}$$
$$= \frac{x+y+z}{2s} = \frac{1}{2},$$

于是

$$E(\xi^2) = \left(\frac{x}{s-x}\right)^2 \cdot \frac{s-x}{2s} + \left(\frac{y}{s-y}\right)^2 \cdot \frac{s-y}{2s} +$$
$$\left(\frac{z}{s-z}\right)^2 \cdot \frac{s-z}{2s}$$
$$= \frac{1}{2s}\left(\frac{x^2}{s-x} + \frac{y^2}{s-y} + \frac{z^2}{s-z}\right)$$
$$\geq [E(\xi)]^2 = \frac{1}{4},$$

进而, 由算术–几何平均值不等式, 有

$$\left(\frac{x^2}{s-x} + \frac{y^2}{s-y} + \frac{z^2}{s-z}\right) \geq \frac{x+y+z}{2} \geq \frac{3}{2}\sqrt[3]{abc} = \frac{3}{2}.$$

即式(2.68)成立, 且等式成立当且仅当$a = b = c$.

例 2.40. [47] 设 $x_i, y_i > 0, i = 1, 2, \cdots, n$, 则

$$\sum_{i=1}^{n} \frac{x_i^2}{y_i} \geq \frac{\left(\sum\limits_{i=1}^{n} x_i\right)^2}{\sum\limits_{i=1}^{n} y_i}. \qquad (2.69)$$

当且仅当 $\frac{x_1}{y_1} = \cdots = \frac{x_n}{y_n}$ 时等式成立.

证明 设随机变量 ξ 的概率分布为

$$P\left(\xi = \frac{x_i}{y_i}\right) = \frac{y_i}{\sum\limits_{i=1}^{n} y_i}, \; i = 1, 2, \cdots, n,$$

则

$$E(\xi) = \frac{\sum\limits_{i=1}^{n} x_i}{\sum\limits_{i=1}^{n} y_i},$$

$$E[g(\xi)] = \sum_{i=1}^{n} \left(\frac{x_i}{y_i}\right)^2 \cdot \frac{y_i}{\sum\limits_{i=1}^{n} y_i} = \frac{1}{\sum\limits_{i=1}^{n} y_i} \cdot \sum_{i=1}^{n} \frac{x_i^2}{y_i},$$

$$g[E(\xi)] = \frac{(\sum\limits_{i=1}^{n} x_i)^2}{(\sum\limits_{i=1}^{n} y_i)^2}.$$

因 $g(x) = x^2, x > 0$ 是凸函数, 由概率的Jensen不等式知不等式(2.69) 成立.

例 2.41. [39] 设 $x_i \in (0, 1), i = 1, \cdots, n$, 且 $\sum\limits_{i=1}^{n} x_i = a, \sum\limits_{i=1}^{n} x_i^2 = b$, 对于 $\beta \geq 2$ 或 $\beta \leq 1$, 有

$$\sum_{i=1}^{n} \frac{x_i^\beta}{1 - x_i} \geq \frac{a^{\beta-1} b^{3-\beta}}{a - b}. \qquad (2.70)$$

证明 设随机变量ξ的概率分布为

$$P(\xi = x_i) = \frac{x_i}{a}, \ i = 1, 2, \cdots, n,$$

则

$$E(\xi) = \sum_{i=1}^{n} x_i \cdot \frac{x_i}{a} = \frac{b}{a}.$$

考虑函数$g(x) = \frac{x^{\beta-1}}{1-x}$，经计算

$$g'(x) = (\beta - 1)x^{\beta-2}(1-x)^{-1} + x^{\beta-1}(1-x)^{-2},$$

$$g''(x) = x^{\beta-3}(1-x)^{-3}h(x),$$

其中

$$h(x) = (\beta-1)(\beta-2)(1-x)^2 + 2(\beta-1)x(1-x) + 2x^2.$$

对于$x \in (0,1)$，当$\beta \geq 2$时，$h(x) \geq 0$，进而$g''(x) \geq 0$，若将$h(x)$的各项展开，整理可得

$$h(x) = (\beta-3)(\beta-2)x^2 - 2(\beta-3)(\beta-1)x + (\beta-2)(\beta-1),$$

此为x的二次三项式，其判别式

$$\begin{aligned}
\Delta &= 4(\beta-1)^2(\beta-3)^2 - 4(\beta-3)(\beta-2)^2(\beta-1) \\
&= -4(\beta-1)(\beta-3),
\end{aligned}$$

当$\beta \leq 1$时，$\Delta \leq 0$，且$h(x)$的二次项的系数$(\beta-3)(\beta-2) > 0$，故$h(x) \geq 0$，进而$g''(x) \geq 0$. 总之，当$\beta \geq 2$或$\beta \leq 1$时，$g(x)$是区间$(0,1)$上的凸函数，从而由式(1.9)有

$$E[g(\xi)] = \sum_{i=1}^{n} \frac{x_i^{\beta-1}}{1-x_i} \cdot \frac{x_i}{a} = \frac{1}{a}\sum_{i=1}^{n} \frac{x_i^{\beta}}{1-x_i}$$

$$\geq g[E(\xi)] = \frac{[E(\xi)]^{\beta-1}}{1 - E(\xi)}$$
$$= \frac{(\frac{b}{a})^{\beta-1}}{1 - \frac{b}{a}} = \frac{b^{\beta-1}a^{2-\beta}}{a - b},$$

由此即得式(2.96).

例 2.42. [71] 证明:
$$\frac{1}{n} + \frac{1}{n+1} + \cdots + \frac{1}{2n} \geq \frac{2}{3}, \qquad (2.71)$$
其中 n 为自然数.

证明 设 ξ 是一随机变量, 且具有分布
$$P\left(\xi = \frac{1}{k}\right) = \frac{k}{\sum\limits_{i=n}^{2n} i}, \ k = n, n+1, \cdots, 2n,$$

则
$$E(\xi) = \sum_{i=n}^{2n} \frac{1}{k} \cdot \frac{k}{\sum\limits_{i=n}^{2n} i} = \frac{n+1}{\sum\limits_{i=n}^{2n} i},$$
$$E(\xi^2) = \sum_{i=n}^{2n} \frac{1}{k^2} \cdot \frac{k}{\sum\limits_{i=n}^{2n} i} = \sum_{i=n}^{2n} \frac{1}{k} \cdot \frac{1}{\sum\limits_{i=n}^{2n} i},$$

由 $E(\xi) \leq [E(\xi^2)]^{\frac{1}{2}}$, 有
$$\frac{n+1}{\sum\limits_{i=n}^{2n} i} \leq \left(\sum_{i=n}^{2n} \frac{1}{k} \cdot \frac{1}{\sum\limits_{i=n}^{2n} i}\right)^{\frac{1}{2}},$$

即
$$\sum_{i=n}^{2n} \frac{1}{k} \geq \frac{(n+1)^2}{\sum\limits_{i=n}^{2n} i} = \frac{(n+1)^2}{\frac{2}{3}n(n+1)} \geq \frac{2}{3}.$$

64

从而得式(2.75).

例 2.43. [58] 设 n 为自然数, 则有

$$\frac{1}{3n+1} + \frac{1}{3n+2} + \cdots + \frac{1}{5n+1} > \frac{1}{2}. \qquad (2.72)$$

证明 设随机变量 ξ 的概率分布为

$$P\left(\xi = \frac{1}{k}\right) = \frac{k}{\sum\limits_{i=3n+1}^{5n+1} i}, \ k = 3n+1, \cdots, 5n+1,$$

则

$$E(\xi) = \sum_{i=3n+1}^{5n+1} \frac{1}{k} \cdot \frac{k}{\sum\limits_{i=3n+1}^{5n+1} i} = \frac{2n+1}{\sum\limits_{i=3n+1}^{5n+1} i},$$

$$E(\xi^2) = \sum_{k=3n+1}^{5n+1} \frac{1}{k^2} \cdot \frac{1/k}{\sum\limits_{i=3n+1}^{5n+1} i},$$

由 $[E(\xi)]^2 \le E(\xi^2)$, 得

$$\sum_{k=3n+1}^{5n+1} \frac{1}{k} \ge \frac{(2n+1)^2}{\sum\limits_{k=3n+1}^{5n+1} i} = \frac{2n+1}{4n+1} > \frac{1}{2}.$$

即式(2.72)成立.

类似地, 可以证明:

例 2.44. [71] 对任意正整数 n 及 $k > 1$, 有

$$\frac{1}{n} + \frac{1}{n+1} + \cdots + \frac{1}{nk-1} > \frac{(2n+1)(k-1)}{n(k+1)}. \qquad (2.73)$$

65

2.4.4 某些无理不等式的概率证明

例 2.45. [2] 如果 $a, b, c > 0$, 证明

$$\sqrt{\frac{a}{b+c}} + 2\sqrt{\frac{b}{c+a}} + 4\sqrt{\frac{c}{a+b}}$$

$$\leq \sqrt{7\left(\frac{a}{b+c} + \frac{2b}{c+a} + \frac{4c}{a+b}\right)}. \qquad (2.74)$$

证明 定义随机变量 ξ 如下

$$P\left(\xi = \sqrt{\frac{a}{b+c}}\right) = \frac{1}{7},$$

$$P\left(\xi = \sqrt{\frac{b}{c+a}}\right) = \frac{2}{7},$$

$$P\left(\xi = \sqrt{\frac{c}{a+b}}\right) = \frac{4}{7},$$

则

$$E(\xi) = \frac{1}{7}\left(\sqrt{\frac{a}{b+c}} + 2\sqrt{\frac{b}{c+a}} + 4\sqrt{\frac{c}{a+b}}\right),$$

于是

$$E(\xi^2) = \frac{1}{7}\left(\frac{a}{b+c} + \frac{2b}{c+a} + \frac{4c}{a+b}\right)$$

$$\geq \frac{1}{49}\left(\sqrt{\frac{a}{b+c}} + 2\sqrt{\frac{b}{c+a}} + 4\sqrt{\frac{c}{a+b}}\right)^2,$$

因此

$$\frac{1}{\sqrt{7}} \cdot \sqrt{\frac{a}{b+c} + \frac{2b}{c+a} + \frac{4c}{a+b}}$$

$$\geq \frac{1}{7}\left(\sqrt{\frac{a}{b+c}} + 2\sqrt{\frac{b}{c+a}} + 4\sqrt{\frac{c}{a+b}}\right),$$

由此即得式(2.74), 当且仅当 $a = b = c$ 时等式成立.

例 2.46. [71] 设 $a_{i_j} \geq 0$, 且满足 $\sum\limits_{i=1}^{n} a_{i_j} = \sum\limits_{j=1}^{n} a_{i_j} = 1$, 又设 $x_1, \cdots, x_n$ 是 n 个非负实数, $y_i = \sum\limits_{j=1}^{n} a_{i_j} x_j, i = 1, \cdots, n,$ 则

$$\sum_{i=1}^{n}(1 + y_i^2)^{\frac{1}{2}} \leq \sum_{i=1}^{n}(1 + x_i^2)^{\frac{1}{2}}. \qquad (2.75)$$

证明 设随机变量 ξ 的概率分布为

$$P(\xi = x_j) = a_{i_j}, j = 1, \cdots, n,$$

则 $E(\xi) = \sum\limits_{j=1}^{n} x_j a_{i_j} = y_i.$ 因为 $\sqrt{1 + x^2}$ 是凸函数, 故有

$$(1 + y_i^2)^{\frac{1}{2}} = [1 + E^2(\xi)]^{\frac{1}{2}} \leq [E(1 + \xi^2)]^{\frac{1}{2}}$$
$$= \sum_{j=1}^{n} a_{i_j} \sqrt{1 + x_j^2}$$

上式两端关于 i 求和, 即得

$$\sum_{i=1}^{n}(1 + y_i^2)^{\frac{1}{2}} \leq \sum_{i=1}^{n}\left(\sum_{j=1}^{n} a_{i_j}\sqrt{1 + x_j^2}\right) = \sum_{i=1}^{n}(1 + x_i^2)^{\frac{1}{2}}.$$

例 2.47. [24] 设 $\frac{3}{2} \leq x \leq 5$, 证明不等式

$$2\sqrt{x + 1} + \sqrt{2x - 3} + \sqrt{15 - 3x} < 2\sqrt{19}. \qquad (2.76)$$

(2003年全国高中数学联合竞赛试题)

证明 构造随机变量 ξ 的分布列为

$$P(\xi = \sqrt{x + 1}) = \frac{1}{2},$$
$$P(\xi = \sqrt{2x - 3}) = \frac{1}{4},$$
$$P(\xi = \sqrt{15 - 3x}) = \frac{1}{4}.$$

因

$$E(\xi) = \frac{\sqrt{x+1}}{2} + \frac{\sqrt{2x-3}}{4} + \frac{\sqrt{15-3x}}{4},$$

$$E(\xi^2) = \frac{x+1}{2} + \frac{2x-3}{4} + \frac{15-3x}{4} = \frac{14+x}{4},$$

而 $E(\xi^2) \geq [E(\xi)]^2$, 故

$$\frac{14+x}{4} \geq \left(\frac{\sqrt{x+1}}{2} + \frac{\sqrt{2x-3}}{4} + \frac{\sqrt{15-3x}}{4}\right)^2.$$

又 $\frac{14+x}{4} \leq \frac{14+5}{4} = \frac{19}{4}$, 且 $\sqrt{x+1}, \sqrt{2x-3}, \sqrt{15-3x}$ 三个无理式不同时相等, 故式(2.76)成立.

例 2.48. [80] 已知 $x + y = 1, x, y \in (0, +\infty)$, 求证

$$x\sqrt{1-y^2} + y\sqrt{1-x^2} \leq \sqrt{1-xy}. \tag{2.77}$$

证明 构造随机变量 ξ 的分布列为:

$$P(\xi = \sqrt{1-y^2}) = x, P(\xi = \sqrt{1-x^2}) = y,$$

则

$$E(\xi) = x\sqrt{1-y^2} + y\sqrt{1-x^2},$$

$$E(\xi^2) = x(1-y^2) + y(1-x^2) = x + y - (xy^2 - x^2 y)$$

$$= x + y - xy(x+y) = 1 - xy.$$

因 $E(\xi^2) \geq [E(\xi)]^2$, 故

$$1 - xy \geq \left(x\sqrt{1-y^2} + y\sqrt{1-x^2}\right)^2,$$

两边开方即证得式(2.77).

例 2.49. [8] 试证

$$\sum_{k=1}^{n} \frac{1}{\sqrt{k}} > \sqrt{n}, \, n > 1. \tag{2.78}$$

证明 设随机变量 ξ 的概率分布为

$$P\left(\xi = \frac{1}{\sqrt{k}}\right) = \frac{\sqrt{k}}{\sum\limits_{i=1}^{n}\sqrt{i}}, k = 1, 2, \cdots, n,$$

则

$$E(\xi^2) = \sum_{i=1}^{n}\left[\left(\frac{1}{\sqrt{k}}\right)^2 \cdot \frac{\sqrt{k}}{\sum\limits_{i=1}^{n}\sqrt{i}}\right] = \frac{\sum\limits_{k=1}^{n}\frac{1}{\sqrt{k}}}{\sum\limits_{k=1}^{n}\sqrt{k}},$$

$$E(\xi) = \sum_{i=1}^{n}\left(\frac{1}{\sqrt{k}} \cdot \frac{\sqrt{k}}{\sum\limits_{i=1}^{n}\sqrt{i}}\right) = \frac{n}{\sum\limits_{k=1}^{n}\sqrt{k}}.$$

由式(1.10)有

$$\sum_{k=1}^{n}\frac{1}{\sqrt{k}} \geq \frac{n^2}{\sum\limits_{k=1}^{n}\sqrt{k}},$$

故只需证

$$\frac{n^2}{\sum\limits_{k=1}^{n}\sqrt{k}} \geq \sqrt{k},$$

即

$$\sum_{k=1}^{n}\sqrt{k} < n\sqrt{n},$$

而此式显然成立.

例 2.50. [46] 证明

$$\sum_{k=0}^{+\infty}\frac{\sqrt{k^4 + a^2}}{k!} \geq \sqrt{1 + a^2}\mathrm{e}. \qquad (2.79)$$

证明 欲证式(2.79), 只需证

$$\sum_{k=0}^{+\infty}\frac{\mathrm{e}^{-1}\sqrt{k^4 + a^2}}{k!} \geq \sqrt{1 + a^2},$$

69

构造Poisson分布$\xi \sim P(\lambda), \lambda > 0$, 由

$$P(\xi = k) = \frac{\lambda^k e^{-\lambda}}{k!}, k = 0, 1, 2, \cdots, n,$$

知$E(\xi) = \lambda$. 考虑凸函数

$$f(x) = \sqrt{a^2 + x^4}, x \geq 0,$$

易知

$$f[E(\xi)] = \sqrt{a^2 + [E(\xi)]^4}$$

和

$$E[f(\xi)] = E(a^2 + \xi^4)$$

都存在. 由于$f(x)$是凸函数, 则利用概率的Jensen不等式$f[E(\xi)] \leq E[f(\xi)]$, 得

$$\sqrt{a^2 + \lambda^4} \leq \sum_{k=0}^{+\infty} \frac{\lambda^k e^{-\lambda} \sqrt{k^4 + a^2}}{k!},$$

取$\lambda = 1$, 不等式得证.

2.4.5　某些几何, 三角不等式的概率证明

例 2.51. [62] 设P为ΔABC内任一点, 点P到三边BC, CA, AB的距离依次为d_1, d_2, d_3, 若记$BC = a, CA = b, AB = c, S_\Delta = S_{\Delta ABC}$, 求证

$$\frac{a}{d_1} + \frac{b}{d_2} + \frac{c}{d_3} \geq \frac{(a + b + c)^2}{2S_\Delta}. \tag{2.80}$$

(第22届IMO试题)

证明 定义随机变量ξ如下

$$P(\xi = \frac{1}{d_1}) = \frac{2d_1}{2S_\Delta},$$

$$P(\xi = \frac{1}{d_2}) = \frac{2d_2}{2S_\Delta},$$

$$P(\xi = \frac{1}{d_3}) = \frac{2d_3}{2S_\Delta}$$

则

$$E(\xi) = \frac{a+b+c}{2S_\Delta},$$

$$[E(\xi)]^2 = \frac{(a+b+c)^2}{(2S_\Delta)^2} \leq E(\xi^2)$$

$$= \frac{a}{2d_1 S_\Delta} + \frac{b}{2d_2 S_\Delta} + \frac{c}{2d_3 S_\Delta},$$

这样就证明了式(2.80).

例 2.52. [2] 证明在任意三角形ABC 中, 中线长m_a, m_b, m_c 和高h_a, h_b, h_c 符合以下关系

$$3\sqrt{\frac{m_a}{m_b} + \frac{2m_b}{m_c} + \frac{6m_c}{m_a}} \geq \sqrt{\frac{h_a}{m_b}} + 2\sqrt{\frac{h_b}{m_c}} + 6\sqrt{\frac{h_c}{m_a}}. \tag{2.81}$$

证明 定义随机变量ξ 如下

$$P\left(\xi = \sqrt{\frac{m_a}{m_b}}\right) = \frac{1}{9},$$

$$P\left(\xi = \sqrt{\frac{m_b}{m_c}}\right) = \frac{2}{9},$$

$$P\left(\xi = \sqrt{\frac{m_c}{m_a}}\right) = \frac{6}{9},$$

则

$$E(\xi) = \frac{1}{9}\left(\sqrt{\frac{m_a}{m_b}} + 2\sqrt{\frac{m_b}{m_c}} + 6\sqrt{\frac{m_c}{m_a}}\right),$$

$$E(\xi^2) = \frac{1}{9}\left(\frac{m_a}{m_b} + \frac{2m_b}{m_c} + \frac{6m_c}{m_a}\right).$$

由$m_a \geq h_a, m_b \geq h_b$ 和$m_c \geq h_c$, 有

$$\frac{1}{9}\left(\frac{m_a}{m_b} + \frac{2m_b}{m_c} + \frac{6m_c}{m_a}\right)$$

$$\geq \frac{1}{81}\left(\sqrt{\frac{m_a}{m_b}} + 2\sqrt{\frac{m_b}{m_c}} + 6\sqrt{\frac{m_c}{m_a}}\right)^2$$

$$\geq \frac{1}{81}\left(\sqrt{\frac{h_a}{m_b}} + 2\sqrt{\frac{h_b}{m_c}} + 6\sqrt{\frac{h_c}{m_a}}\right)^2,$$

即
$$9\left(\frac{m_a}{m_b} + \frac{2m_b}{m_c} + \frac{6m_c}{m_a}\right) \geq \left(\sqrt{\frac{h_a}{m_b}} + 2\sqrt{\frac{h_b}{m_c}} + 6\sqrt{\frac{h_c}{m_a}}\right)^2.$$
对上述不等式两边开方即得不等式(2.81).

例 2.53. [3] 对任一个锐角三角形ABC, 三条边长为a, b, c, 并设p, r, R 分别为三角形的半周长、内切圆半径、外接圆半径, 试证

$$a \sec A + b \sec B + c \sec C \geq \frac{2pR}{r}. \tag{2.82}$$

证明 构造随机变量ζ 的分布列为
$$P(\zeta = \cos A) = \frac{a}{2p},$$
$$P(\zeta = \cos B) = \frac{b}{2p},$$
$$P(\zeta = \cos C) = \frac{c}{2p}.$$
取凸函数$f(x) = \frac{1}{x}(x > 0)$, 则有
$$E(\zeta) = \frac{1}{2p}(a\cos A + b\cos B + c\cos C)$$
和
$$E[f(\zeta)] = \frac{1}{2p}(a\sec A + b\sec B + c\sec C).$$
于是, 由$f[E(\zeta)] \leq E[f(\zeta)]$, 有
$$\frac{1}{2p}(a\cos A + b\cos B + c\cos C)^{-1}$$
$$\leq \frac{1}{2p}(a\sec A + b\sec B + c\sec C),$$
即
$$a\sec A + b\sec B + c\sec C$$
$$\geq \frac{4p^2}{a\cos A + b\cos B + c\cos C}. \tag{2.83}$$
由余弦定理, 有
$$a\cos A + b\cos B + c\cos C$$

$$=\frac{a(b^2+c^2-a^2)}{2bc}+\frac{b(a^2+c^2-b^2)}{2ac}+\frac{c(a^2+b^2-c^2)}{2ab}$$
$$=\frac{1}{2abc}[2(a^2b^2+b^2c^2+c^2a^2)-(a^4+b^4+c^4)].$$

将海伦公式$S_{\triangle ABC}=\sqrt{p(p-a)(p-b)(p-c)}$平方,
整理得

$$2(a^2b^2+b^2c^2+c^2a^2)-(a^4+b^4+c^4)-16s^2=16r^2p^2.$$

再将$abc=4RS_{\triangle ABC}=4Rrp$, 代入, 得

$$a\sec A+b\sec B+c\sec C=\frac{16r^2p^2}{2\times 4Rrp}=\frac{2rp}{R},$$

将其代入式(2.83), 即得不等式(2.82).

例 2.54. [11] 若$\cos^2\alpha+\cos^2\beta+\cos^2\gamma=1$, 则

$$\sin\alpha\cos\beta+\sin\beta\cos\gamma+\sin\gamma\cos\alpha\leq\sqrt{2}. \quad (2.84)$$

证明 设随机变量ξ的分布列为

$$P\left(\xi=\frac{\sin\alpha}{\cos\beta}\right)=\cos^2\beta,$$
$$P\left(\xi=\frac{\sin\beta}{\cos\gamma}\right)=\cos^2\gamma,$$
$$P\left(\xi=\frac{\sin\gamma}{\cos\alpha}\right)=\cos^2\gamma,$$

则

$$E(\xi^2)=\sin^2\alpha+\sin^2\beta+\sin^2\gamma=2,$$
$$E(\xi)=\sin\alpha\cos\beta+\sin\beta\cos\gamma+\sin\gamma\cos\alpha,$$

由$E(\xi^2)\geq[E(\xi)]^2$ 即得证.

以上讨论假定诸$\cos\alpha$不等于零, 否则结论显然成立. 类似地, 证明可得如下推广:

若$\cos^2\alpha_1+\cos^2\alpha_2+\cdots+\cos^2\alpha_n=1$, 则

$$\sin\alpha_1\cos\alpha_2+\sin\alpha_2\cos\alpha_3+\cdots+$$
$$\sin\alpha_{n-1}\cos\alpha_n+\sin\alpha_n\cos\alpha_1\leq\sqrt{n-1}. \quad (2.85)$$

例 2.55. [11] 若 $\cos^2 \alpha_1 + \cos^2 \alpha_2 + \cdots + \cos^2 \alpha_n = 1$, 则

$$\cot^2 \alpha_1 + \cot^2 \alpha_2 + \cdots + \cot^2 \alpha_n \geq \frac{n}{n-1}, n \geq 2.$$
(2.86)

此例的更一般的形式是:

若 $x_i > 0, i = 1, 2, \cdots, n, n \geq 2$, 且 $\sum\limits_{i=1}^{n} x_i = 1$, 则

$$\sum_{i=1}^{n} \frac{x_i}{1-x_i} \geq \frac{n}{n-1}.$$
(2.87)

证明 由 $\sum\limits_{i=1}^{n} \frac{x_i}{1-x_i} = \sum\limits_{i=1}^{n} \frac{1}{1-x_i} - n$, 知式(2.87)等价于

$$\sum_{i=1}^{n} \frac{n-1}{1-x_i} \geq n^2.$$

注意 $\frac{1-x_i}{n-1} > 0, i = 1, 2, \cdots, n$, 且 $\sum\limits_{i=1}^{n} \frac{1-x_i}{n-1} = 1$, 设随机变量 ξ 的分布列为

$$P\left(\xi = \frac{n-1}{1-x_i}\right) = \frac{1-x_i}{n-1}, \ i = 1, 2, \cdots, n,$$

则

$$E(\xi) = \sum_{i=1}^{n} \left(\frac{n-1}{1-x_i}\right)\left(\frac{1-x_i}{n-1}\right) = n,$$

$$E(\xi^2) = \sum_{i=1}^{n} \left(\frac{n-1}{1-x_i}\right)^2 \left(\frac{1-x_i}{n-1}\right) = \sum_{i=1}^{n} \frac{n-1}{1-x_i},$$

由 $E(\xi^2) \geq [E(\xi)]^2$ 即得证.

更直接的证法是设 ξ 的分布列为

$$P(\xi = x_i) = \frac{1}{n}, i = 1, 2, \cdots, n,$$

则 $E(\xi) = \frac{1}{n}$, 因 $g(x) = \frac{x}{1-x}$ 是 $(0,1)$ 上的凸函数, 则

$$E[g(\xi)] = \sum_{i=1}^{n} \frac{x_i}{1-x_i} \geq g[E(\xi)] = \frac{\frac{1}{n}}{1-\frac{1}{n}} = \frac{1}{n-1}.$$

例 2.56. [60] 已知α, β 为锐角, 则

$$\sin^3 \alpha + \cos^3 \alpha \cos^3 \beta + \cos^3 \alpha \sin^3 \beta \geq \frac{\sqrt{3}}{3}. \quad (2.88)$$

证明 构造随机变量ξ 的分布列为

$$P(\xi = \sin^2 \alpha) = \frac{1}{3},$$
$$P(\xi = \cos^2 \alpha \cos^2 \beta) = \frac{1}{3},$$
$$P(\xi = \cos^2 \alpha \sin^2 \beta) = \frac{1}{3}.$$

则$E(\xi) = \frac{1}{3}$, 而$f(x) = x^{\frac{3}{2}}$ 为$(0, +\infty)$ 内的连续凸函数, 故

$$f[E(\xi)] = \left(\frac{1}{3}\right)^{\frac{3}{2}} \leq E[f(\xi)]$$
$$= \frac{1}{3}(\sin^3 \alpha + \cos^3 \alpha \cos^3 \beta + \cos^3 \alpha \sin^3 \beta),$$

从而

$$\sin^3 \alpha + \cos^3 \alpha \cos^3 \beta + \cos^3 \alpha \sin^3 \beta \geq \frac{\sqrt{3}}{3}.$$

例 2.57. [60] 已知α, β 为锐角, 则
$$\sin^{-3} \alpha + \cos^{-3} \alpha \cos^{-3} \beta + \cos^{-3} \alpha \sin^{-3} \beta \geq 9\sqrt{3}. \quad (2.89)$$

证明 构造随机变量ξ 的分布列为

$$P(\xi = \sin^2 \alpha) = \frac{1}{3},$$
$$P(\xi = \cos^2 \alpha \cos^2 \beta) = \frac{1}{3},$$
$$P(\xi = \cos^2 \alpha \sin^2 \beta) = \frac{1}{3}.$$

则$E(\xi) = \frac{1}{3}$, 而$f(x) = x^{-\frac{3}{2}}$ 为$(0, +\infty)$ 内的连续凸函数, 故

$$f[E(\xi)] = \left(\frac{1}{3}\right)^{-\frac{3}{2}} \leq E[f(\xi)]+$$

$$= \frac{1}{3}(\sin^{-3}\alpha + \cos^{-3}\alpha\cos^{-3}\beta$$
$$\cos^{-3}\alpha\sin^{-3}\beta),$$

即

$$\sin^{-3}\alpha + \cos^{-3}\alpha\cos^{-3}\beta + \cos^{-3}\alpha\sin^{-3}\beta \geq 9\sqrt{3}.$$

例 2.58. [79] 已知$0 \leq \alpha \leq \frac{\pi}{2}, 0 \leq \beta \leq \frac{\pi}{2}$, 证明不等式

$$\sin\alpha\sin\beta \leq \sin\alpha + \sin\beta \leq 1 + \sin\alpha\sin\beta \quad (2.90)$$

成立.

证明 由$0 \leq \alpha \leq \frac{\pi}{2}, 0 \leq \beta \leq \frac{\pi}{2}$ 得$0 \leq \sin\alpha \leq 1$, $0 \leq \sin\beta \leq 1$, 所以, 可设$\sin\alpha, \sin\beta$ 分别是两个独立事件A 与B 的概率, 即$P(A) = \sin\alpha, P(B) = \sin\beta$, 根据概率的加法公式和相互独立性, 得

$$P(A \cup B) = P(A) + P(B) - P(AB)$$
$$= P(A) + P(B) - P(A)P(B)$$

由于$0 \leq P(A \cup B) \leq 1$, 所以

$$0 \leq \sin\alpha + \sin\beta - \sin\alpha\sin\beta \leq 1,$$

即

$$\sin\alpha\sin\beta \leq \sin\alpha + \sin\beta \leq 1 + \sin\alpha\sin\beta.$$

例 2.59. [68] 已知

$$\frac{\cos^4\alpha}{\cos^4\beta} + \frac{\sin^4\alpha}{\sin^4\beta} = 1,$$

求证

$$\frac{\cos^4\beta}{\cos^4\alpha} + \frac{\sin^4\beta}{\sin^4\alpha} = 1. \quad (2.91)$$

证明 设随机变量ξ 的分布列为

$$P\left(\xi = \frac{\cos^2\alpha}{\cos^2\beta}\right) = \cos^2\beta, P\left(\xi = \frac{\sin^2\alpha}{\sin^2\beta}\right) = \sin^2\beta,$$

则
$$E(\xi^2) = \frac{\cos^4 \beta}{\cos^4 \alpha} + \frac{\sin^4 \beta}{\sin^4 \alpha},$$
$$E(\xi) = \frac{\cos^2 \alpha}{\cos^2 \beta}\cos^2 \beta + \frac{\sin^2 \alpha}{\sin^2 \beta}\sin^2 \beta = 1.$$

由 $E(\xi^2) \geq [E(\xi)]^2$, 得
$$\frac{\cos^4 \beta}{\cos^4 \alpha} + \frac{\sin^4 \beta}{\sin^4 \alpha} \geq 1.$$

由 $\frac{\cos^4 \alpha}{\cos^4 \beta} + \frac{\sin^4 \alpha}{\sin^4 \beta} = 1$ 知, 当 $\frac{\cos^2 \alpha}{\cos^2 \beta} = \frac{\sin^2 \alpha}{\sin^2 \beta} = E(\xi) = 1$
时取等号, 即得 $\cos^2 \alpha = \cos^2 \beta$ 或 $\sin^2 \alpha = \sin^2 \beta$, 故
$$\frac{\cos^4 \beta}{\cos^4 \alpha} + \frac{\sin^4 \beta}{\sin^4 \alpha} = \frac{\cos^4 \alpha}{\cos^4 \beta} + \frac{\sin^4 \alpha}{\sin^4 \beta} = 1,$$
即等式成立.

2.4.6 某些最值问题的概率求解

例 2.60. [4] 已知 $a, b, c \in \mathbb{R}$, $a + 2b + 3c = 6$, 求 $a^2 + 4b^2 + 9c^2$ 的最小值.

(2013 年高考湖南卷(理) 第10 题)

解 因为 $a + 2b + 3c = 6$, 构造随机变量 ξ 的概率分布列为
$$P(\xi = a) = \frac{1}{3}, P(\xi = 2b) = \frac{1}{3}, P(\xi = 3c) = \frac{1}{3},$$
所以
$$E(\xi) = a \cdot \frac{1}{3} + 2b \cdot \frac{1}{3} + 3c \cdot \frac{1}{3} = 2,$$
$$E(\xi^2) = a^2 \cdot \frac{1}{3} + 4b^2 \cdot \frac{1}{3} + 9c^2 \cdot \frac{1}{3} = (a^2 + 4b^2 + 9c^2) \cdot \frac{1}{3},$$
因为 $E(\xi^2) \geq [E(\xi)]^2$, 所以 $(a^2 + 4b^2 + 9c^2) \cdot \frac{1}{3} \geq 2^2 = 4$,
即 $a^2 + 4b^2 + 9c^2 \geq 12$, 当且仅当 $a = 2b = 3c = 2$ 时
等号成立, 所以 $(a^2 + 4b^2 + 9c^2)_{\min} = 12$.

例 2.61. [48] 已知 $x, y, z > 0$, 且 $\frac{1}{x} + \frac{2}{y} + \frac{3}{z} = 1$, 求 $x + \frac{y}{2} + \frac{z}{3}$ 的最小值.

解 构造随机变量 ξ 的概率分布列为

$$P(\xi = x) = \frac{1}{x}, P\left(\xi = \frac{y}{2}\right) = \frac{2}{y}, P\left(\xi = \frac{z}{3}\right) = \frac{3}{z}.$$

$$[E(\xi)]^2 = \left(x \cdot \frac{1}{x} + \frac{y}{2} \cdot \frac{2}{y} + \frac{z}{3} \cdot \frac{3}{z}\right)^2 = 9,$$

$$E(\xi^2) = x^2 \cdot \frac{1}{x} + \left(\frac{y}{2}\right)^2 \cdot \frac{2}{y} + \left(\frac{z}{3}\right)^2 \cdot \frac{3}{z} = x + \frac{y}{2} + \frac{z}{3}.$$

因为 $E(\xi^2) \geq [E(\xi)]^2$, 所以 $x + \frac{y}{2} + \frac{z}{3} \geq 9$, 当且仅当 $x = 3, y = 6, z = 9$ 时, $x + \frac{y}{2} + \frac{z}{3}$ 取最小值, $x + \frac{y}{2} + \frac{z}{3}$ 的最小值是9.

例 2.62. [48] 已知 $x_1, \cdots, x_n > 0$, 且 $x_1 + \cdots + x_n = 1$, 求 $\frac{1}{x_1} + \frac{4}{x_2} + \cdots + \frac{n^2}{x_n}$ 的最小值.

解 构造随机变量 ξ 的概率分布列为

$$P\left(\xi = \frac{i}{x_i}\right) = x_i, i = 1, \cdots, n,$$

$$E(\xi^2) = \sum_{i=1}^{n} \left(\frac{1}{x_i}\right)^2 \cdot x_i = \frac{1}{x_1} + \frac{4}{x_2} + \cdots + \frac{n^2}{x_n},$$

$$[E(\xi)]^2 = \left(\sum_{i=1}^{n} \frac{1}{x_i} \cdot x_i\right)^2 = \left(\sum_{i=1}^{n} i\right)^2 = \left[\frac{n(n+1)}{2}\right]^2.$$

因为 $E(\xi^2) \geq [E(\xi)]^2$, 所以

$$\frac{1}{x_1} + \frac{4}{x_2} + \cdots + \frac{n^2}{x_n} \geq \left[\frac{n(n+1)}{2}\right]^2,$$

当且仅当 $\frac{1}{x_1} = \frac{2}{x_2} = \cdots = \frac{n}{x_n} = E(\xi) = \frac{n(n+1)}{2}$ 时, 即当 $x_1 = \frac{2}{n(n+1)}, x_2 = \frac{4}{n(n+1)}, \ldots, x_n = \frac{2n}{n(n+1)}$ 时取最小值 $[\frac{n(n+1)}{2}]^2$.

例 2.63. [53] 已知

$$x + 2y + 3z + 4u + 5v = 30,$$

求

$$x^2 + 2y^2 + 3z^2 + 4u^2 + 5v^2$$

的最小值.

解 构造离散型随机变量ξ的分布列为

$$P(\xi = x) = \frac{1}{15}, P(\xi = y) = \frac{2}{15}, P(\xi = z) = \frac{3}{15},$$

$$P(\xi = u) = \frac{4}{15}, P(\xi = v) = \frac{5}{15},$$

则

$$E(\xi) = 2, \ E(\xi^2) = \frac{x^2 + 2y^2 + 3z^2 + 4u^2 + 5v^2}{15}.$$

由$E(\xi^2) - [E(\xi)]^2 \geq 0$, 即得$x^2 + 2y^2 + 3z^2 + 4u^2 + 5v^2 \geq 60$. 且当$x = y = z = u = v$时取得最小值60.

例 2.64. [4] 若实数a, b, c满足$a + b + c = a^2 + b^2 + c^2$, 求$a + b + c$的最大值.

(2012年全国高中数学联赛江西省预赛第4题)

解 记$a + b + c = a^2 + b^2 + c^2 = e$, 构造随机变量$\xi$的概率分布列为

$$P(\xi = a) = 13, P(\xi = b) = 13, P(\xi = c) = 13,$$

所以

$$E(\xi) = \frac{a + b + c}{3} = \frac{e}{3},$$

$$E(\xi^2) = \frac{a^2 + b^2 + c^2}{3} = \frac{e}{3},$$

因为$E(\xi^2) \geq [E(\xi)]^2 \Rightarrow \frac{e}{3} \geq (\frac{e}{3})^2 \Rightarrow \frac{e(3-e)}{9} \geq 0$, 所以$0 \leq e \leq 3$, 当且仅当$a = b = c = 1$时, 有$e_{\max} = 3$, 即$(a + b + c)_{\max} = 3$.

例 2.65. [62] 设$a_i > 0, i = 1, 2, \cdots, n$, 且$\sum\limits_{i=1}^{n} a_i = 1$, 求

$$S = \frac{a_1}{2 - a_1} + \frac{a_2}{2 - a_2} + \cdots + \frac{a_n}{2 - a_n} \tag{2.92}$$

的最小值.

(第23届IMO试题)

解 构造随机变量 ξ 的概率分布列为

$$P(\xi = a_i) = \frac{1}{n}, i = 1, 2, \cdots, n,$$

则 $E(\xi) = \frac{1}{n}$, 又 $f(x) = \frac{x}{2-x}$ 在 $(0, 2)$ 内连续凸, 所以

$$f[E(\xi)] = \frac{1}{2n-1} \le E[f(\xi)]$$
$$= \frac{1}{n}\left(\frac{a_1}{2-a_1} + \frac{a_2}{2-a_2} + \cdots + \frac{a_n}{2-a_n}\right),$$

即 $S \ge \frac{n}{2n-1}$, 故 S 的最小值为 $\frac{n}{2n-1}$.

例 2.66. [62] 已知 a, b, c, d, e 满足 $a + b + c + d + e = 8$, $a^2 + b^2 + c^2 + d^2 + e^2 = 16$, 试求 e 的最大值.

解 构造随机变量 ξ 的概率分布列为

$$P(\xi = a) = P(\xi = b) = P(\xi = c) = P(\xi = d) = \frac{1}{4},$$

则

$$E(\xi) = \frac{8-e}{4},$$
$$[E(\xi)]^2 = \frac{(8-e)^2}{16} \le E(\xi^2) = \frac{16-e^2}{4},$$

即 $5e^2 - 16e \le 0$, 从而 $0 \le e \le \frac{16}{5}$, 因此当 $a = b = c = d$ 时, e 的最大值为 $\frac{16}{5}$.

2.4.7 其他不等式的概率证明

文[12]利用权方和不等式证得下例:

例 2.67. 设 $x_i > 0, k_i > 0, i = 1, 2, \cdots, n$. $\sum\limits_{i=1}^{n} k_i x_i^{m+1} = A$, $\sum\limits_{i=1}^{n} k_i = B$, A 与 B 都是常数, $m > 0$, 则

$$\sum_{i=1}^{n} k_i x_i^{m+1} \ge \frac{A^{m+1}}{B^m}, \tag{2.93}$$

当且仅当 $x_1 = x_2 = \cdots = x_n = \frac{A}{B}$ 时等式成立.

证明 注意式(2.93)等价于

$$\sum_{i=1}^{n}\frac{k_i}{B}x_i^{m+1} \geq \left(\frac{A}{B}\right)^{m+1}, \qquad (2.94)$$

设离散型随机变量的分布律为

$$P(\xi = x_i) = \frac{k_i}{B}, \ i = 1, 2, \cdots, n,$$

则$E(\xi) = \frac{A}{B}$. 因$g(x) = x^{m+1}$ 是$(0, +\infty)$ 上的凸函数,
则

$$E[g(\xi)] = \sum_{i=1}^{n}\frac{k_i}{B}x_i^{m+1} \geq g[E(\xi)] = \left(\frac{A}{B}\right)^{m+1}.$$

例 2.68. [46] 证明

$$2\left(\sum_{i=1}^{n}a_i^3\right)\left(\sum_{i=1}^{n}b_i^3\right) \leq \sum_{i=1}^{n}a_i^4\sum_{i=1}^{n}b_i^2 + \sum_{i=1}^{n}a_i^2\sum_{i=1}^{n}b_i^4.$$
$$(2.95)$$

分析 当随机变量ξ 与η 相互独立时, 由数学期望
的性质$E(\xi + \eta) = E(\xi) + E(\eta)$ 及$E(\xi\eta) = E(\xi)E(\eta)$,
可得$E(\xi - \eta)^2 = E(\xi^2) - 2E(\xi)E(\eta) + E(\eta^2) \geq 0$, 从
而$2E(\xi)E(\eta) \leq E(\xi^2) + E(\eta^2)$.

证明 设随机变量ξ 与η 相互独立, ξ 与η的概率分
布分别为

$$P(\xi = a_i) = \frac{a_i^2}{\sum\limits_{i=1}^{n} a_i^2},$$

$$P(\eta = b_i) = \frac{b_i^2}{\sum\limits_{i=1}^{n} b_i^2}, i = 1, 2, \cdots, n,$$

则

$$E(\xi) = \frac{\sum\limits_{i=1}^{n} a_i^3}{\sum\limits_{i=1}^{n} b_i^2}, E(\eta) = \frac{\sum\limits_{i=1}^{n} b_i^3}{\sum\limits_{i=1}^{n} b_i^2},$$

$$E(\xi^2) = \frac{\sum\limits_{i=1}^{n} a_i^4}{\sum\limits_{i=1}^{n} a_i^2}, E(\eta^2) = \frac{\sum\limits_{i=1}^{n} b_i^4}{\sum\limits_{i=1}^{n} b_i^2},$$

将其代入 $2E(\xi)E(\eta) \leq E(\xi^2) + E(\eta^2)$, 不等式即得证.

例 2.69. [69] 证明

$$\left(\sum_{k=1}^{n} a_k^3\right)^2 \leq \left(\sum_{k=1}^{n} a_k^2\right)\left(\sum_{k=1}^{n} a_k^4\right). \tag{2.96}$$

证明 设随机变量 ξ 的概率分布为

$$P(\xi = a_k) = \frac{a_k^2}{\sum\limits_{k=1}^{n} a_k^2}, k = 1, 2, \cdots, n.$$

则

$$E(\xi) = \frac{\sum\limits_{k=1}^{n} a_k a_k^2}{\sum\limits_{k=1}^{n} a_k^2} = \frac{\sum\limits_{k=1}^{n} a_k^3}{\sum\limits_{k=1}^{n} a_k^2}, \; E(\xi^2) = \frac{\sum\limits_{k=1}^{n} a_k^4}{\sum\limits_{k=1}^{n} a_k^2},$$

将其代入 $[E(\xi)]^2 \leq E(\xi^2)$, 不等式即得证.

2.5 一个重要极限存在性的证明

众所周知, 极限 $\lim\limits_{n \to \infty}\left\{\left(1 + \frac{1}{n}\right)^n\right\}$ 是数学分析中的一个重要极限, 关于它存在性的证明, 有多种方法. 1991 年, 巩建闽[56]给出了两种概率证明.

证法 I

命题 2.9. 数列 $\left\{\left(1 + \frac{1}{n}\right)^n\right\}$ 是单调递增的.

证明 建立一个随机模型, 对任意的 n, 设随机变量 ξ 只取两个值, 其概率为

$$P(\xi = 1) = \frac{1}{n+1}, P\left(\xi = 1 + \frac{1}{n}\right) = \frac{n}{n+1},$$

则有

$$E(\xi) = 1 + \frac{1}{n+1}, \ E(\log_{10} \xi) = \log_{10} \left(1 + \frac{1}{n}\right)^{\frac{n}{n+1}}.$$

由数学期望的性质 $E(\log_{10} \xi) \leq \log_{10} E(\xi)$, 可得

$$\left(1 + \frac{1}{n}\right)^n \leq \left(1 + \frac{1}{n+1}\right)^{n+1},$$

证毕.

命题 2.10. 数列 $\left\{\left(1 + \frac{1}{n}\right)^n\right\}$ 上有界.

证明 仍建立只取两个值的随机变量 ξ, 其概率分布为

$$P\left(\xi = \frac{1}{2}\right) = \frac{1}{n+1}, \ P\left(\xi = 1 + \frac{1}{2n}\right) = \frac{n}{n+1},$$

则有

$$E(\xi) = 1, \ E(\log_{10} \xi) = \log_{10} \left[\frac{1}{2}\left(1 + \frac{1}{2n}\right)^n\right]^{\frac{1}{n+1}}.$$

因而成立不等式

$$\log_{10} \left[\frac{1}{2}\left(1 + \frac{1}{2n}\right)^n\right]^{\frac{1}{n+1}} \leq \log_{10} 1,$$

即

$$\left(1 + \frac{1}{2n}\right)^{2n} \leq 4,$$

结合此数列的单调性, 即知该数列有上界, 证毕.

由命题2.9 和命题2.10, 即知数列 $\left\{\left(1 + \frac{1}{n}\right)^n\right\}$ 的极限存在.

证法 II

命题 2.11. 设 $p + q = 1$, 且 $0 < p < 1$, 则对任意的 n, 成立不等式

$$p - nq < p^{n+1} \tag{2.97}$$

83

证明 当$n = 1$时, 式(2.97)显然成立. 设$n > 1$, 构造如下的随机模型:

设$A_1, A_2, \cdots, A_n$是n个相互独立的随机事件, 且$P(A_i) = q, i = 1, 2, \cdots, n$. 则有

$$P\left(\bigcup_{i=1}^{n} A_i\right) = 1 - \prod_{i=1}^{n} P\left(\overline{A_i}\right) = 1 - p^n,$$

又因为

$$P\left(\bigcup_{i=1}^{n} A_i\right) \leq \sum_{i=1}^{n} P(A_i) = nq,$$

所以

$$1 - p^n \leq nq,$$

进而

$$p - p^{n+1} < nq,$$

证毕.

在不等式(2.97)中, 若取$p = n(n+2)(n+1)^{-2}, p < 1$, 则$p - nq = n(n+1)^{-1}$, 代入并整理得

$$(n+1)^{2n+1} \leq n^n(n+2)^{n+1},$$

即

$$\left(1 + \frac{1}{n}\right)^n \leq \left(1 + \frac{1}{n+1}\right)^{n+1},$$

若取$p = 2n(2n+1)^{-1}, p < 1$, 则$p - nq = n(2n+1)^{-1}$, 代入式(2.97), 整理得

$$\left(1 + \frac{1}{2n}\right)^{2n} \leq 4,$$

这也就证明了数列$\left\{\left(1 + \frac{1}{n}\right)^n\right\}$的极限存在.

第3章 概率与组合问题

3.1 概率与组合恒等式

3.1.1 随机事件与组合恒等式

例 3.1.

$$\sum_{k=0}^{n} C_n^k = 2^n \qquad (3.1)$$

证明 将一枚均匀硬币投掷 n 次, 令 $A_k = \{$ 恰有 k 次正面向上 $\}$, $k = 0, 1, \cdots, n$, 则

$$P(A_k) = C_n^k \left(\frac{1}{2}\right)^k \left(\frac{1}{2}\right)^{n-k} = C_n^k \left(\frac{1}{2}\right)^n,$$

$$k = 0, 1, \cdots, n,$$

显然诸 A_k 两两互不相容且 $\bigcup_{k=1}^{n} A_k = \Omega$, 故

$$\sum_{k=0}^{n} P(A_k) = \sum_{k=0}^{n} C_n^k \left(\frac{1}{2}\right)^n = 1,$$

由此即可得证.

例 3.2.

$$\sum_{k=0}^{n} C_{n+k}^k \frac{1}{2^k} = 2^n. \qquad (3.2)$$

证明 某人口袋里装有两盒火柴, 每盒 n 根, 每次使用时, 从两盒中任取一盒, 然后取用一根. 考虑此人

85

首次取到一个空盒时, 另一盒恰用掉 $k, 0 \le k \le n$ 根火柴的概率. 令 A 表示首次取到甲盒, $\overline{A}$ 表示首次取到乙盒, 则 $P(A) = P(\overline{A}) = \frac{1}{2}$.

当取到甲盒空时, 乙盒恰用掉 k 根火柴, 意味着共取了 $n + k + 1$ 次盒子, 其中前 $n + k$ 次中, 有 n 次取到甲盒, 有 k 次取到乙盒, 而第 $n + k + 1$ 次取到甲盒, 故取到甲盒空时, 乙盒恰用掉 k 根火柴的概率为

$$\frac{1}{2} \mathrm{C}_{n+k}^{k} \left(\frac{1}{2}\right)^{n} \left(\frac{1}{2}\right)^{k}.$$

同理, 取到乙盒空时, 甲盒恰用掉 k 根火柴的概率与前述情况相同, 故所求概率为 $p_k = \mathrm{C}_{n+k}^{k} \left(\frac{1}{2}\right)^{n+k}$, 从而 $\sum\limits_{k=0}^{n} p_k = \sum\limits_{k=0}^{n} \mathrm{C}_{n+k}^{k} \left(\frac{1}{2}\right)^{n+k} = 1$. 即

$$\sum_{k=0}^{n} \mathrm{C}_{n+k}^{k} \frac{1}{2^k} = 2^n.$$

定理 3.1. (朱世杰恒等式) 对于任意 $n \in \mathbb{N}^*$, 和任意不小于 n 的正整数 k, m, 有

$$\sum_{k=0}^{n} \mathrm{C}_{m+k}^{m} = \mathrm{C}_{m+n+1}^{m+1} \tag{3.3}$$

证明 从 1 到 $m + n + 1$ 这 $m + n + 1$ 个自然数中任取 $m + 1$ 个数. 令 $A_k = \{$这 $m + 1$ 个数中的最大数为 $m + k + 1\}, k = 0, 1, \cdots, n$, 则

$$P(A_k) = \frac{\mathrm{C}_{m+k}^{m}}{\mathrm{C}_{m+n+1}^{m+1}},$$

显然诸 A_k 互不相容且 $\bigcup\limits_{k=1}^{n} A_k = \Omega$, 所以 $\sum\limits_{k=1}^{n} P(A_k) = 1$, 由此即可得证.

例 3.3. 对于任意 $N, n \in \mathbb{N}^*$, 和任意不小于 n 的

86

正整数 k, m, 有

$$\sum_{k=0}^{n} C_{m+k+1}^{k} C_{N+n-k-1}^{N-m-1} = C_{N+n-1}^{N-1}. \tag{3.4}$$

证明 将 n 个完全相同的球投入 N 个盒子中, 每盒装球数不限, 共有 C_{N+n-1}^{N-1} 种投法. 令 $A_k = \{$指定的 m 个盒子中恰有 k 个球$\}, k = 0, 1, \cdots, n$. 指定的 m 个盒子中有 k 个球, 共有 C_{m+k-1}^{k} 种放法, 其余 $N - m$ 个盒子中有 $n - k$ 个球, 共有 $C_{N+n-m-k-1}^{N-m-1}$ 种放法, 故

$$P(A_k) = \frac{C_{m+k-1}^{k} C_{N+n-m-k-1}^{N-m-1}}{C_{N+n-1}^{N-1}},$$

由此即可得证.

特别地, 令 $m = 1$, 并将 $N-1$ 换成 m, 则式(3.18)即为式(3.3).

例 3.4. 对于任意 $r, n, m \in \mathbb{N}^*$, 有

$$\sum_{k=0}^{n} C_{r+k}^{r} C_{m+n-r-k}^{m-r} = C_{m+n+1}^{m+1}. \tag{3.5}$$

证明 从 1 到 $m + n + 1$ 这 $m + n + 1$ 个自然数中任取 $m + 1$ 个数, 并按从小到大的顺序重新排列, 令 $A_k = \{$第 $r + 1$ 个数为 $r + k + 1\}, k = 0, 1, \cdots, n$, 则

$$P(A_k) = \frac{C_{r+k}^{r} C_{m+n-r-k}^{m-r}}{C_{m+n+1}^{m+1}},$$

易见诸 A_k 两两互不相容且 $\bigcup_{k=1}^{n} A_k = \Omega$, 所以 $\sum_{k=1}^{n} P(A_k) = 1$, 由此即可得证.

特别地, 当 $r = m$ 时, 即为朱世杰恒等式. 在式(3.5)中将 r 换成 $m - 1$, m 换成 $N - 2$ 即得式(3.18). 由此可见, 采用不同的随机试验, 有可能得到同一恒等式.

定理 3.2. [22](李善兰恒等式)

$$(C_{m+n}^2)^2 = \sum_{i=0}^{n} (C_n^i)^2 C_{m+2n-i}^{2n} \qquad (3.6)$$

证明 设各有 $m+n$ 名男士和女士参加舞会, 男士和女士分别都标有顺序号 $1, 2, \cdots, m+n$. 从男士和女士中各任意选出 $n, n \le m$ 个人来跳交谊舞. 约定男士和女士按顺序号从小到大排列相对结伴. 令 $A_j = \{$顺序号恰好有 j 个对应$\}, j = 0, 1, 2, \cdots, n$.

因为从 $m+n$ 名男士中选出 n 个人的选法有 C_{m+n}^n 种, 从 $m+n$ 名女士中选出 n 个人的选法也为 C_{m+n}^n 种, 所以试验的所有结果数为 $(C_{m+n}^n)^2$.

而顺序号恰有 j 个对应"这一事件发生意味着从 $m+n$ 个顺序号中要选出 $2n-j$ 个顺序号来, 其中含有男士的(或女士的) n 个顺序号, 而在这 n 个顺序号中又有 j 个顺序号是用来作同女士的顺序号对应的, 所以有利于 A_j 发生的结果数为 $C_{m+n}^{2n-j} C_{2n-j}^n C_n^j$. 即

$$P(A_j) = \frac{C_{m+n}^{2n-j} C_{2n-j}^n C_n^j}{(C_{m+n}^n)^2}$$

因为 $A_j A_k = \Phi, \ j \ne k,$ 其中 $j, k = 0, 1, 2, \cdots, n$ 且 $\bigcup_{j=0}^{n} A_j = \Omega$, 所以

$$1 = P\left(\bigcup_{j=0}^{n} A_j\right) = \sum_{j=0}^{n} P(A_j)$$

$$= \sum_{j=0}^{n} \frac{C_{m+n}^{2n-j} C_{2n-j}^n C_n^j}{(C_{m+n}^n)^2}$$

$$= \sum_{j=0}^{n} \frac{C_{m+n}^{2n-j} (\sum_{k=0}^{n} C_n^k C_{n-j}^{n-k}) C_n^j}{(C_{m+n}^n)^2}$$

$$= \sum_{j=0}^{n} \frac{C_{m+n}^{2n-j}(\sum\limits_{k=0}^{n} C_n^k C_{n-j}^{n-k} C_n^j)}{(C_{m+n}^n)^2}$$

$$= \frac{\sum\limits_{k=0}^{n} (C_n^k)^2 (\sum\limits_{j=0}^{n} C_{m+n}^{2n-j} C_k^j)}{(C_{m+n}^n)^2}$$

$$= \frac{\sum\limits_{k=0}^{n} (C_n^k)^2 C_{m+n+k}^{2n}}{(C_{m+n}^n)^2} \quad (\diamondsuit k = n - j)$$

$$= \frac{\sum\limits_{i=0}^{n} (C_n^{n-i})^2 C_{m+2n-i}^{2n}}{(C_{m+n}^n)^2}$$

$$= \frac{\sum\limits_{i=0}^{n} (C_n^i)^2 C_{m+2n-i}^{2n}}{(C_{m+n}^n)^2}.$$

即有

$$(C_{m+n}^2)^2 = \sum_{i=0}^{n} (C_n^i)^2 C_{m+2n-i}^{2n}.$$

张明善和唐小玲[33]用数学归纳法证明了组合恒等式

$$C_k^0 - C_k^1 + \cdots + (-1)^k C_n^k = 0$$

的三个推广恒等式

$$C_k^1 - 2^r C_k^2 + \cdots + (-1)^{k-1} k^r C_k^k = \begin{cases} 1, & r = 0, \\ 0, & r > 0; \end{cases}$$

$$C_k^0 - 2^r C_k^1 + \cdots + (-1)^k (k+1)^r C_k^k = 0;$$

$$2^r C_k^0 - 3^r C_k^1 + \cdots + (-1)^k (k+2)^r C_k^k = 0,$$

其中$k > r \geq 0$ 为整数.

当$r > 0$ 时, 这三个恒等式是下述定理中的恒等式的特款.

定理 3.3.

$$s^r C_k^0 - (s+1)^r C_k^1 + \cdots + (-1)^k (k+s)^r C_k^k = 0, \quad (3.7)$$

其中s 为非负整数.

1991 年, 石焕南[34]给出式(3.7)的如下概率证明.

证明 注意到$C_k^t = C_k^{k-t}$, 则式(3.7) 等价于

$$s^r C_k^0 - (s+1)^r C_k^{k-1} + \cdots + (-1)^k (k+s)^r C_k^0 = 0.$$

上式两边同乘以$\frac{(-1)^{k-1}}{(k+s)^r}$, 则易见式(3.7)等价于

$$\left(\frac{k+s-1}{k+s}\right)^r C_k^1 - \left(\frac{k+s-2}{k+s}\right)^r C_k^2 + \cdots +$$
$$(-1)^{k-1} \left(\frac{s}{k+s}\right)^r C_k^k = 1, \quad (3.8)$$

现只需证式(3.8)成立即可.

考虑这样的概率问题: 从1 到$k+s$ 这$k+s$ 个自然数中每次任取一数, 有放回地取r 次. 令

$$A_i = \{\text{取出的}r \text{ 个数均不等于}i\}, i = 1, \cdots, k,$$

则

$$P(A_i) = \left(\frac{k+s-1}{k+s}\right)^r, i = 1, \cdots, k,$$

$$P(A_{i_1} A_{i_2}) = \left(\frac{k+s-2}{k+s}\right)^r, 1 \leq i_1 < i_2 \leq k,$$

$$P(A_{i_1} A_{i_2} A_{i_3}) = \left(\frac{k+s-3}{k+s}\right)^r, 1 \leq i_1 < i_2 < i_3 \leq k,$$

$$\cdots\cdots$$

$$P(A_1 A_2 \cdots A_n) = \left(\frac{s}{k+s}\right)^r,$$

由概率的一般加法公式有

$$P\left(\bigcup_{i=1}^{k} A_i\right)$$

$$=\sum_{j=1}^{k} P(A_j) - \sum_{1 \leq i_1 < i_2 \leq k} P(A_{i_1} A_{i_2}) + \cdots +$$

$$(-1)^{k-1} P(A_1 \cdots A_k)$$

$$=\left(\frac{k+s-1}{k+s}\right)^r C_k^1 - \left(\frac{k+s-2}{k+s}\right)^r C_k^2 + \cdots +$$

$$(-1)^{k-1}\left(\frac{s}{k+s}\right)^r C_k^k. \tag{3.9}$$

另外, 由于 $k > r$, 故在1 到 k 这 k 个自然数中至少存在一个数使得所取出的 r 个数均不等于此数, 这就是说 $\bigcup_{i=1}^{k} A_i$ 是必然事件, 因而 $P\left(\bigcup_{i=1}^{k} A_i\right) = 1$, 联系式(3.9)即证得式(3.8) 成立.

定理 3.4.　证明如下组合恒等式成立.

$$\sum_{k=1}^{n}(-1)^k C_n^k (n-k)^r = \begin{cases} 0, & \text{当 } 1 \leq r < n, \\ n!, & \text{当 } r = n. \end{cases} \tag{3.10}$$

该恒等式有着多种证法, 文[30] 和[31] 利用指母函数和积和式证明了式(3.10), 文[32] 给出了一个代数证明. 石焕南和范淑香[29] 用概率方法给出式(3.10) 一个直观简洁的证明, 并扩展到 $r = n+1$ 的情形, 此外还建立了一个类似的恒等式.

引理 3.1.　设随机事件 $A_1, \cdots, A_n$ 满足

$$P(A_i) = p_1, \ i = 1, \cdots, n,$$

91

$$P(A_{i_1} A_{i_2}) = p_2, \ 1 \le i_1 < i_2 \le n,$$

$$P(A_{i_1} A_{i_2} A_{i_3}) = p_2, \ 1 \le i_1 < i_2 < i_3 \le n,$$

$$\cdots \cdots$$

$$P(A_1 A_2 \cdots A_n) = p_n,$$

则

$$P\left(\bigcup_{k=1}^{n} A_k\right) = \sum_{k=1}^{n} (-1)^{k-1} C_n^k p_k \qquad (3.11)$$

证明 由概率的一般加法公式(1.4), 并结合引理的条件易知此引理成立.

定理 3.5. 对于 $r \in \mathbf{N}^*$, 成立

$$\sum_{k=0}^{n} (-1)^k C_n^k (n-k)^r = \begin{cases} 0, & \text{当 } 1 \le r < n, \\ n!, & \text{当 } r = n, \\ \frac{n(n+1)}{2} n!, & \text{当 } r = n+1. \end{cases}$$
$$(3.12)$$

证明 考虑随机试验:从1 到 n 这 n 个自然数中每次任取一数, 有放回地抽取 r 次, 令

$$A_i = \left\{ \text{取出的 } r \text{ 个数均不等于} i \right\}, i = 1, \cdots, n,$$

则

$$p_k = P(A_{i_1} A_{i_2} \cdots A_{i_k}) = \left(\frac{n-k}{n}\right)^r,$$

$1 \le i_1 < i_2 < \cdots < i_k \le n, k = 1, 2, \cdots, n.$ 由

式(3.11)有

$$P\left(\bigcup_{k=1}^{n} A_k\right) = \sum_{k=1}^{n} (-1)^{k-1} C_n^k \left(\frac{n-k}{n}\right)^r. \quad (3.13)$$

当 $1 \le r < n$ 时, 必存在 i 使得取出的 r 个数均不等于 i, 因此 $\bigcup_{i=1}^{n} A_i$ 是必然事件, 于是, 由式(3.13)有

$$\sum_{k=1}^{n} (-1)^{k-1} C_n^k \left(\frac{n-k}{n}\right)^r = P\left(\bigcup_{i=1}^{n} A_i\right) = 1 = C_n^0,$$

稍加整理, 即得

$$\sum_{k=0}^{n} (-1)^k C_n^k (n-k)^r = 0,$$

当 $r = n$ 时, 注意

$$\overline{A_i} = \left\{ \text{取出的} n \text{ 个数中至少有一个等于} i \right\},$$

$i = 1, \cdots, n$, 于是,

$$\prod_{i=1}^{n} \overline{A_i} = \left\{ \text{取出的} n \text{ 个数均不相同} \right\},$$

其概率为 $\frac{n!}{n^n}$, 从而

$$P\left(\bigcup_{i=1}^{n} A_i\right) = 1 - P\left(\prod_{i=1}^{n} \overline{A_i}\right) = 1 - \frac{n!}{n^n},$$

93

代入式(3.13)并稍加整理, 即得

$$\sum_{k=0}^{n}(-1)^k C_n^k (n-k)^r = n!,$$

当$r = n+1$时, 注意

$$\prod_{i=1}^{n}\overline{A_i} = \{取出的n+1\ 个数恰有两个数相同\},$$

其概率为$\frac{n!}{n^{n+1}}C_{n+1}^2$, 从而

$$P\left(\bigcup_{i=1}^{n}A_i\right) = 1 - P\left(\prod_{i=1}^{n}\overline{A_i}\right) = 1 - \frac{n!}{n^{n+1}}C_{n+1}^2,$$

代入式(3.13)并稍加整理, 即得

$$\sum_{k=0}^{n}(-1)^k C_n^k (n-k)^r = n!C_{n+1}^2 = \frac{n(n+1)}{2}n!.$$

最后单独讨论$r = 0$ 的情形, 考虑随机试验:从大于n 的自然数中任取一数,令$A_i = \{取出的数大于i\}$, $i = 1, \cdots, n$, 则显然

$$p_k = P(A_{i_1}A_{i_2}\cdots A_{i_k}) = 1,$$

$1 \le i_1 < i_2 < \cdots < i_k \le n, k = 1, 2, \cdots, n,$ 且

$$\sum_{i=1}^{n}P\left(\bigcup_{i=1}^{n}A_i\right) = 1 = C_n^0,$$

代入式(3.12)并稍加整理, 即得

$$\sum_{k=0}^{n}(-1)^k \mathrm{C}_n^k = 0.$$

证毕.

上述定理3.5通过有放回取数这一简单概率模型证得式(3.13), 下面的定理3.6 将利用一个不放回取球的概率模型建立一个与式(3.13) 类似的恒等式.

定理 3.6. 对于$r \in \mathbb{N}^*$, 成立

$$\sum_{k=0}^{n}(-1)^k \mathrm{C}_n^k \mathrm{C}_{mn-mk}^r = \begin{cases} 0, \text{当 } 0 < r < n, \\ m^n, \text{当 } r = n, \\ \frac{n(m-1)}{2}m^n, \text{当} r = n+1, r \geq 2. \end{cases}$$
$$(3.14)$$

证明 考虑随机试验:一袋中装有标号为$1, 2, \cdots, n$的球各m 个, 从中不放回地任取r 个球, 令$A_i = \{$取出的r 个球均不为i 号球$\}, i = 1, \cdots, n$, 则

$$p_k = P(A_{i_1} A_{i_2} \cdots A_{i_k}) = \frac{\mathrm{C}_{mn-mk}^r}{\mathrm{C}_{mn}^r},$$

$1 \leq i_1 < i_2 < \cdots < i_k \leq n, k = 1, 2, \cdots, n$, 由式(3.12)有

$$P\left(\bigcup_{k=1}^{n} A_k\right) = \sum_{k=1}^{n}(-1)^{k-1} \mathrm{C}_n^k \frac{\mathrm{C}_{mn-mk}^r}{\mathrm{C}_{mn}^r} \qquad (3.15)$$

当$0 < r < n$ 时, 易见$\sum_{i=1}^{n} P\left(\bigcup_{i=1}^{n} A_i\right) = 1 = \mathrm{C}_n^0$, 代入

95

式(3.15)稍加整理, 即得

$$\sum_{k=0}^{n}(-1)^k \mathrm{C}_n^k \mathrm{C}_{mn-mk}^r = 0,$$

当 $r = n$ 时, 注意

$$\prod_{i=1}^{n}\overline{A}_i = \left\{\text{取出的} r \text{ 个数均不相同}\right\},$$

其概率为 $\frac{m^n}{\mathrm{C}_{mn}^n}$, 从而

$$P\left(\bigcup_{i=1}^{n}A_i\right) = 1 - P\left(\prod_{i=1}^{n}\overline{A}_i\right) = 1 - \frac{m^n}{\mathrm{C}_{mn}^n},$$

代入式(3.15)稍加整理, 即得

$$\sum_{k=0}^{n}(-1)^k \mathrm{C}_n^k \mathrm{C}_{mn-mk}^k = m^n,$$

当 $r = n + 1$ 时, 注意

$$\prod_{i=1}^{n}\overline{A}_i = \left\{\text{取出的} n + 1 \text{ 个数恰有两个数相同}\right\},$$

其概率为 $\frac{nm^{n-1}\mathrm{C}_m^2}{\mathrm{C}_{mn}^n}$, 从而

$$P\left(\bigcup_{i=1}^{n}A_i\right) = 1 - P\left(\prod_{i=1}^{n}\overline{A}_i\right) = 1 - \frac{nm^{n-1}\mathrm{C}_m^2}{\mathrm{C}_{mn}^n},$$

代入式(3.15)并稍加整理, 即得

$$\sum_{k=0}^{n}(-1)^k \mathrm{C}_n^k \mathrm{C}_{mn-mk}^{n+1} = nm^{n-1}\mathrm{C}_m^2 = \frac{n(m-1)}{2}m^n,$$

96

证毕.

最后提出一个问题:

当 $r > n + 1$ 时

$$\sum_{k=0}^{n}(-1)^k C_n^k (n-k)^r = ?, \quad \sum_{k=0}^{n}(-1)^k C_n^k C_{mn-mk}^r = ?$$

例 3.5. [49] 证明:对于任意 $n \in \mathbb{N}^*$, 恒有

$$\sum_{k=0}^{n} C_n^k 2^k C_{n-k}^{[\frac{n-k}{2}]} = C_{2n+1}^n, \tag{3.16}$$

其中 $\left[\frac{n-k}{2}\right]$ 表示 $\frac{n-k}{2}$ 的整数部分.

(1994 年中国数学奥林匹克竞赛试题)

证明 将等式变形为

$$\sum_{k=0}^{n} \frac{C_n^k 2^k C_{n-k}^{[\frac{n-k}{2}]}}{C_{2n+1}^n} = 1.$$

该式左端各项的分母相应的概率模型为从 $2n + 1$ 个对象中任取 n 个; 由分子的特点知 $2n + 1$ 个对象中有两两相同的, 据此构造如下模型:

现有 $2n + 1$ 个人, 其中有 n 对夫妻和一个单身汉, 他们代表 $n + 1$ 个不同家庭. 现从中任取 n 个人组成一个兴趣小组. 记 $A_k = \{$取出的 n 个人中, 有 k 家没有全家参加$\}$, $k = 0, 1, \cdots, n$. "没有全家参加"是指"每个家庭中有且只有 1 人参加, 单身汉 1 人参加即为全家参加"

$$P(A_k) = \frac{C_n^k 2^k C_{n-k}^{[\frac{n-k}{2}]}}{C_{2n+1}^n}, \ k = 0, 1, \cdots, n.$$

97

因 $A_0, A_1, \cdots, A_n$ 两两互不相容, 且 $A_0 \cup A_1 \cup \cdots \cup A_n = \Omega$, 则 $P(A_0) + P(A_1) + \cdots + P(A_n) = P(\Omega) = 1$, 等式得证.

例 3.6. [50] 试证明组合加法递推公式:

$$C_{n+1}^k = C_n^k + C_{n-1}^{k-1} + C_{n-1}^{k-2}. \qquad (3.17)$$

证明 设袋中有 $n+1$ 只球, 其中有一只黑球, 一只白球, 现随机地抽取 k 只球($1 \le k \le n+1$). 设事件 $A = \{$抽取的 k 只球中含有黑球$\}$, 事件 $B = \{$抽取的 k 只球中出现白球$\}$. 则 $P(\overline{A}) = \frac{C_1^0 C_n^k}{C_{n+1}^k}$, 由全概率公式

$$\begin{aligned}
P(A) &= P(B)P(A \mid B) + P(\overline{B})P(A \mid \overline{B}) \\
&= \frac{C_1^1 C_n^{k-1}}{C_{n+1}^k} \cdot \frac{C_1^1 C_{n-1}^{k-2}}{C_n^{k-1}} + \frac{C_1^0 C_n^k}{C_{n+1}^k} \cdot \frac{C_1^1 C_{n-1}^{k-1}}{C_n^k} \\
&= \frac{C_{n-1}^{k-2}}{C_{n+1}^k} + \frac{C_{n-1}^{k-1}}{C_{n+1}^k},
\end{aligned}$$

从 $P(A) + P(\overline{A}) = 1$, 立即得待证公式.

例 3.7. [50] 证明

$$(C_n^0)^2 + (C_n^1)^2 + \cdots + (C_n^n)^2 = C_{2n}^n. \qquad (3.18)$$

证明 将组合恒等式变形

$$\frac{(C_n^0)^2}{C_{2n}^n} + \frac{(C_n^1)^2}{C_{2n}^n} + \cdots + \frac{(C_n^n)^2}{C_{2n}^n} = 1.$$

设一个口袋中有 $2n$ 个球, 其中一半是红球, 一半是白球, 今从中取出 n 个球, 问其中" 恰有 i 个红球, $n - i$

个白球"的概率. 设 A_i 表示"恰有 $n-i$ 个白球". 基本
事件总数 C_{2n}^n, A_i 包含基本事件数为 $\mathrm{C}_n^1\mathrm{C}_n^{n-i}$, 所以

$$P(A_i) = \frac{\mathrm{C}_n^i\mathrm{C}_n^{n-i}}{\mathrm{C}_{2n}^n} = \frac{(\mathrm{C}_n^i)^2}{\mathrm{C}_{2n}^n}, \ i = 0, 1, \cdots, n.$$

显然 $A_0, A_1, \cdots, A_n$ 互不相容,且 $\bigcup\limits_{i=0}^{n} A_i = \Omega$, 所以

$$1 = P(\Omega) = \sum_{i=0}^{n} P(A_i) = \sum_{i=0}^{n} \frac{(\mathrm{C}_n^i)^2}{\mathrm{C}_{2n}^n},$$

由此即可得证.

3.1.2 数学期望与组合恒等式

定理 3.7. 对于任意 $n \in \mathbb{N}^*$, 和任意不小于 n 的
正整数 k, m, 有

$$\sum_{i=0}^{n} \mathrm{C}_k^i\mathrm{C}_m^{n-i} = \mathrm{C}_{m+k}^n \ (\text{Vandermonde(范德蒙)恒等式})$$

$$\tag{3.19}$$

和

$$\sum_{i=0}^{n} i\mathrm{C}_k^i\mathrm{C}_m^{n-i} = \frac{kn}{k+m}\mathrm{C}_{m+k}^n. \tag{3.20}$$

证明 考虑随机试验: 袋里装 $n+k$ 个球, 其中 m
个红球, k 个白球. 现从中任取 $n, n \leq k, n \leq m$ 个球,
令 ξ 表示取出的 n 个球中的白球数, 则

$$P(\xi = i) = \frac{\mathrm{C}_k^i\mathrm{C}_m^{n-i}}{\mathrm{C}_{m+k}^n}, i = 0, 1, \cdots, n,$$

从而
$$\sum_{i=0}^{n} \frac{C_k^i C_m^{n-i}}{C_{m+k}^n} = 1, \qquad (3.21)$$

由此即得式(3.27). 又
$$E(\xi) = \sum_{i=0}^{n} i \frac{C_k^i C_m^{n-i}}{C_{m+k}^n}. \qquad (3.22)$$

若令
$$\xi_i = \begin{cases} 1, & 若第i 个白球被取出, \\ 0, & 若第i 个白球没被取出, \end{cases}$$

$i = 1, 2, \cdots, k,$ 则$\xi = \xi_1 + \xi_2 + \cdots + \xi_k,$ 而

$$\begin{aligned} E(\xi_i) &= P(\xi_i = 1) = P(第i \text{ 个白球被取出}) \\ &= \frac{C_{m+k-1}^{n-1}}{C_{m+k}^n} = \frac{n}{k+m}, i = 1, 2, \cdots, k, \end{aligned}$$

则
$$E(\xi) = E(\xi_1) + \cdots + E(\xi_k) = \frac{nk}{k+m}, \qquad (3.23)$$

结合式(3.22)和式(3.23) 即得式(3.20).

例 3.8. 设$r, n \in \mathbb{N}^*$, 且$r \le n$, 有

$$\sum_{k=0}^{r} C_n^k C_{n-k}^{2r-2k} 2^{2r-2k} = C_{2n}^{2r}. \qquad (3.24)$$

和
$$\sum_{k=0}^{r} k C_n^k C_{n-k}^{2r-2k} 2^{2r-2k} = n C_{2n-2}^{2r-2}. \qquad (3.25)$$

100

证明 从 n 双不同的鞋子中任取 $2r$ 只, 有 C_{2n}^{2r} 种取法, 令 $A_k = \{$恰有 k 双鞋子配对$\}$, $k = 0, 1, \cdots, r$. 恰有 k 双鞋子配对共有 $C_n^k C_{n-k}^{2r-2k} 2^{2r-2k}$ 种取法(先从 n 双中任取 k 双, 再从其余的 $n - k$ 双中任选 $2r - 2k$ 双, 这 $2r - 2k$ 双中每双任取一只, 共 2^{2r-2k} 种取法), 因而

$$P(A_k) = \frac{C_n^k C_{n-k}^{2r-2k} 2^{2r-2k}}{C_{2n}^{2r}}, \ k = 0, 1, \cdots, r,$$

由此即可证得式(3.24).

令 ξ 为 $2r$ 只鞋中成双的对数, 则

$$E(\xi) = \sum_{k=0}^{r} \frac{k C_n^k C_{n-k}^{2r-2k} 2^{2r-2k}}{C_{2n}^{2r}}. \qquad (3.26)$$

另外, 令

$$\xi_i = \begin{cases} 1, & \text{若第} i \text{ 双鞋被取出}, \\ 0, & \text{若第} i \text{ 双鞋没被取出}, \end{cases}$$

则 $\xi = \xi_1 + \xi_2 + \cdots + \xi_n$, 而

$$E(\xi_i) = P(\xi_i = 1) = P(\text{第} i \text{ 双鞋被取出}) = \frac{C_{2n-2}^{2r-2}}{C_{2n}^{2r}},$$

故

$$E(\xi) = E(\xi_1) + E(\xi_2) + \cdots + E(\xi_n) = n \frac{C_{2n-2}^{2r-2}}{C_{2n}^{2r}},$$

结合式(3.26)即可证得(3.25).

定理 3.8. [51] 证明

$$\sum_{r=1}^{n} \frac{1}{(r-1)!} \sum_{k=0}^{n-r} \frac{(-1)^k}{k!} = 1. \qquad (3.27)$$

101

证明 构建如下模型:某人先写了 n 封投向不同地址的信, 再写 n 个标有这 n 个地址的信封, 然后随意地在每个信封内装入一封信. 用 A_i 表示"第 i 封信与地址配对" 这一事件, q_r 表示事件" 恰有 r 个配对", 则 $q_0 = 1 - P(\bigcup_{i=1}^{n} A_i)$. 为求 $P(\bigcup_{i=1}^{n} A_i)$, 可利用概率的一般加法公式来计算. 第 i 封信可装入 n 个信封, 恰好和地址配对的概率 $P(A_i) = \frac{1}{n}$, 故 $\sum_{i=1}^{n} P(A_i) = 1$, 如 A_i 出现, 第 j 封信共有 $n-1$ 个信封可以选择, 故 $P(A_i A_j) = P(A_i)P(A_j \mid A_i) = \frac{1}{n} \times \frac{1}{n-1}$, 从而 $\sum_{1 \le i < j \le n} P(A_i A_j) = \frac{C_n^2}{n(n-1)} = \frac{1}{2!}$. 类似地可得到 $\sum_{1 \le i < j < k \le n} P(A_i A_j A_k) = \frac{1}{3!}, \ldots, P(A_1 A_2 \cdots A_n) = \frac{1}{n!}$. 于是

$$q_0 = 1 - P\left(\bigcup_{i=1}^{n} A_i\right) = 1 - \sum_{k=1}^{n} \frac{(-1)^{k-1}}{k!} = \sum_{k=0}^{n} \frac{(-1)^k}{k!}$$

注意到 q_0 与 n 有关, 如记 $q_0 = q_0(n)$, 则利用 q_0 不难求出 q_r. 如果指定某 r 封信和地址配对, 那么这一事件的概率为 $\frac{1}{n(n-1)\cdots(n-r+1)}$, 其余 $n-r$ 封信中没有一个和地址配对的概率为

$$q_0(n-r) = \sum_{k=0}^{n-r} \frac{(-1)^k}{k!}.$$

由于 r 封信与地址配对共有 C_n^r 种选法, 故

$$q_r = \frac{C_n^r}{n(n-1)\cdots(n-r+1)} \sum_{k=0}^{n-r} \frac{(-1)^k}{k!}$$

$$= \frac{1}{r!} \sum_{k=0}^{n-r} \frac{(-1)^k}{k!}.$$

设信与地址配对的对数为随机变量 ξ, 则

$$E(\xi) = \sum_{r=0}^{n} r q_r = \frac{r}{r!} \sum_{k=0}^{n-r} \frac{(-1)^k}{k!}.$$

另外, 可设

$$\xi_k = \begin{cases} 1, & \text{若第} k \text{ 封信与地址配对}, \\ 0, & \text{若第} k \text{ 封信与地址不配对}, \end{cases}$$

则有 $\xi = \xi_1 + \xi_2 + \cdots + \xi_n$, $E(\xi_k) = 1 \times P(\xi_k = 1) + 0 \times P(\xi_k = 0) = \frac{1}{n}$, 从而 $E(\xi) = n \times \frac{1}{n} = 1$. 于是

$$\sum_{r=1}^{n} \frac{1}{(r-1)!} \sum_{k=0}^{n-r} \frac{(-1)^k}{k!} = 1.$$

定理 3.9. 设 p 是一个非负整数, 则对任意的 $n \in \mathbb{N}^*$, 有

$$\sum_{i=1}^{n} i C_{p+i}^{p} = \frac{n(p+1)}{p+2} C_{p+n+1}^{p+1}, \tag{3.28}$$

$$\sum_{i=0}^{n} i C_{p+n-i}^{p} = \frac{n}{p+2} C_{p+n+1}^{p+1}. \tag{3.29}$$

证明 考虑随机试验: 从自然数 1 到 $p+n+1$ 中任取 $p+1$ 个数, 随机变量 ξ 表示取出的最大数与 $p+1$ 的差, 则

$$P(\xi = i) = \frac{C_{p+i}^{p}}{C_{p+n+1}^{p+1}}, i = 1, \cdots, n,$$

从而, 我们有

$$P(\xi = i) = \sum_{i=1}^{n} \frac{C_{p+i}^{p}}{C_{p+n+1}^{p+1}} = 1,$$

103

即

$$\sum_{i=1}^{n} C_{p+i}^{p} = C_{p+n+1}^{p+1}. \tag{3.30}$$

又有

$$E(\xi) = \sum_{i=1}^{n} i \frac{C_{p+i}^{p}}{C_{p+n+1}^{p+1}}. \tag{3.31}$$

另外, 据文 [38, p. 169-170], 对于整值随机变量ξ, 有

$$E(\xi) = \sum_{i=1}^{n} P(\xi \geq i) = n - \sum_{i=1}^{n} P(\xi < i)$$

$$= n - \sum_{i=2}^{n} P(\xi < i) = n - \sum_{i=2}^{n} \frac{C_{p+i}^{p+1}}{C_{p+n+1}^{p+1}}. \tag{3.32}$$

结合(3.31)和(3.32) 两式, 有

$$\sum_{i=1}^{n} i C_{p+i}^{p} = n C_{p+n+1}^{p+1} - \sum_{i=2}^{n} C_{p+i}^{p+1} C_{p+i}^{p+1}$$

$$= n C_{p+n+1}^{p+1} - \sum_{i=1}^{n-1} C_{p+i}^{p+1}$$

$$= n C_{p+n+1}^{p+1} - C_{p+n+1}^{p+2} (由式(3.30))$$

$$= n C_{p+n+1}^{p+1} - \frac{2}{p+2} C_{p+n+1}^{p+2} = \frac{n(p+1)}{p+2} C_{p+n+1}^{p+1}.$$

式(3.28)得证. 对式(3.28)作变换$n - i \to i$, 可知

$$\sum_{i=1}^{n} i C_{p+n-i}^{p+1} = \sum_{i=1}^{n} (n-i) C_{p+i}^{p} = n \sum_{i=1}^{n} C_{p+i}^{p} - \sum_{i=1}^{n} i C_{p+i}^{p}$$

$$= n C_{p+n+1}^{p+1} - \frac{n(p+1)}{p+2} C_{p+n+1}^{p+1}$$

$$(由式(3.30)和式(3.28))$$

$$= \frac{n}{p+2} C_{p+n+1}^{p+1},$$

式(3.29) 得证.

3.2 计数问题的概率解法

我们知道排列组合是研究初等概率论特别是古典概型的必要工具, 反过来也可以以初等概率论为工具研究排列组合这一传统内容.

例 3.9. [35] 有一个代表团里, 懂英、法语的有10人, 懂英、法、俄语的有5 人, 懂英、法、汉语的有3人, 懂4 种语言的有2 人, 问只懂英、法语而不懂俄、汉语的有几人?

解 设代表团里共有s 人, 从代表团里任选一人, 记$A = \{$此人懂英语$\}$, $B = \{$此人懂法语$\}$, $C = \{$此人懂俄语$\}$, $D = \{$此人懂汉语$\}$, 则某人懂英、法语的概率$P(AB) = \frac{10}{s}$, 懂英、法、俄语的概率$P(ABC) = \frac{5}{s}$, 懂英、法、汉语的概率$P(ABD) = \frac{3}{s}$, 英、法、俄、汉语都懂的概率$P(ABCD) = \frac{2}{s}$, 设x 表示只懂英、法语, 而不懂俄、汉语的人数, 则

$$AB = AB(C \cup D) + AB(\overline{C \cup D}) = AB(C \cup D) \cup AB\bar{C}\bar{D},$$

根据题意得

$$\frac{10}{s} = P(AB) = P[AB(C \cup D)] + P(AB\bar{C}\bar{D})$$
$$= P(ABC \cup ABD) + P(AB\bar{C}\bar{D})$$
$$= P(ABC) + P(ABD) -$$
$$P(ABCD) + P(AB\bar{C}\bar{D}),$$

即

$$\frac{10}{s} = \frac{5}{s} + \frac{3}{s} - \frac{2}{s} + \frac{x}{s},$$

解得$x = 4$, 即懂英、法语而不懂俄、汉语的有4 人. 有趣的是此结论与总人数s 无关(只要$s \geq 10$).

例 3.10. [35] 某班有学生25 人, 其中有14 人会西班牙语,12 人会法语, 6 人会法语和西班牙语, 5 人

会德语和西班牙语, 还有2 人这三种语言都会说, 而6 个会德语的人会说法语或西班牙语, 求不会外语的人数.

解 现从此班中任选一人. 记$A = \{$此人会西班牙语$\}$, $B = \{$此人会法语$\}$, $C = \{$此人会德语$\}$, 由题设知$P(A) = \frac{14}{25}$, $P(B) = \frac{12}{25}$, $P(C) = \frac{6}{25}$, 同时会法语和西班牙语的概率$P(AB) = \frac{6}{25}$, 同时会德语和西班牙语的概率 $P(AC) = \frac{5}{25}$, 三种语言都会的概率$P(ABC) = \frac{2}{25}$, 而由

$$\frac{6}{25} = P(AC \cup BC) = P(AC) + P(BC) - P(ABC),$$

得此人同时会法语和德语的概率

$$P(BC) = \frac{6}{25} - \frac{5}{25} + \frac{2}{25} = \frac{3}{25}.$$

设有x 人不会外语, 则不会外语的概率$P(\bar{A}\bar{B}\bar{C}) = \frac{x}{25}$, 而至少会一种外语的概率$P(A \cup B \cup C) = 1 - \frac{x}{25}$, 于是由概率的一般加法公式

$$P(A \cup B \cup C) = P(A) + P(B) + P(C) - $$
$$P(AB) - P(AC) - P(BC) + P(ABC)$$

有

$$\frac{x}{25} = 1 - \frac{14}{25} - \frac{12}{25} - \frac{6}{25} + \frac{6}{25} + \frac{5}{25} + \frac{3}{25} - \frac{2}{25},$$

由此解得$x = 5$, 即有5 人不会外语.

例 3.11. [35] 某班有数学、物理和化学爱好者小组, 各组依次为10 人, 12 人和5 人, 其中有4 人既参加数学小组又参加物理小组, 有3 人既参加数学小组又参加化学小组, 有3 人既参加物理小组又参加化学小组, 有2 人三个小组都参加, 问这三个小组共有多少人?

解 设三个小组共有s人. 现从中任选一人. 记$A = \{$此人参加数学小组$\}$, $B = \{$此人参加物理小组$\}$, $C = \{$此人参加化学小组$\}$, 由题设知$P(A) = \frac{s}{10}$, $P(B) = $

106

$\frac{12}{s}, P(C) = \frac{5}{s}, P(AB) = \frac{4}{s}, P(AC) = \frac{3}{s}, P(BC) = \frac{3}{s},$ $P(ABC) = \frac{2}{s},$ 显然 $P(A \cup B \cup C) = 1,$ 将以上数据代入式(1.4)可解得$s = 19.$

例 3.12. [35] 在一次中学数学竞赛中出了$A, B,$ C三道试题, 在参赛的100 名学生中,解出A 题, B 题, C 题的分别有77 人, 80 人, 91 人, 解出A 和B 题, A 和C 题, B 和C 题的分别有59 人, 70 人, 72 人, 一道题也没解出的只有1 人, 问恰好解出三题, 两题, 一题的各有多少人?

解 从参赛的100 名学生中任选一人, 不妨设$A, B,$ C 分别表示此人解出A 题, B 题, C 题这三个随机事件, E, F, G 分别表示此人恰好解出三题, 两题, 一题这三个随机事件. 由题设

$$P(A) = 0.77, P(B) = 0.80, P(C) = 0.91,$$
$$P(AB) = 0.59, P(AC) = 0.70,$$
$$P(BC) = 0.72, P(\bar{A}\bar{B}\bar{C}) = 0.01,$$

于是

$$P(A \cup B \cup C) = 1 - P(\overline{ABC}) = 1 - P(\bar{A}\bar{B}\bar{C})$$
$$= 1 - 0.01 = 0.99$$

由概率的一般加法公式有

$$P(E) = P(ABC) = P(A \cup B \cup C) - P(A) - P(B) -$$
$$P(C) + P(AB) + P(BC) + P(CA)$$
$$= 0.99 - 0.91 - 0.80 - 0.77 + 0.72 + 0.70 + 0.59$$
$$= 0.52,$$

进而

$$P(\overline{A}BC) = P(BC - ABC) = P(BC) - P(ABC)$$
$$= 0.72 - 0.52 = 0.2,$$

$$P(A\overline{B}C) = P(AC - ABC) = P(AC) - P(ABC)$$
$$= 0.70 - 0.52 = 0.18,$$
$$P(AB\overline{C}) = P(AB - ABC) = P(AB) - P(ABC)$$
$$= 0.59 - 0.52 = 0.07,$$

于是

$$P(F) = P(\overline{A}BC \cup A\overline{B}C \cup AB\overline{C})$$
$$= P(\overline{A}BC) + P(A\overline{B}C) + P(AB\overline{C})$$
$$= 0.2 + 0.18 + 0.07 = 0.45.$$

注意 $A \cup B \cup C = E \cup F \cup G$, 且 E, F, G 互不相容, 有

$$P(G) = P(A \cup B \cup C) - P(E) - P(F)$$
$$= 0.99 - 0.52 - 0.45 = 0.02.$$

由上述讨论可知恰好解出三题, 两题, 一题的各有52人, 45人, 2人.

例 3.13. [35] 46 个国家代表队参加亚洲数学竞赛, 比赛共4 道题. 结果统计如下: 第1 题答对的有235 人, 第1, 2 两题都答对的有59 人, 第1, 3 两题都答对的有29 人, 第1, 4 两题都答对的有15 人, 四道题全答对的有3 人. 又知道有人答对了前三道题, 但没有答对第4 题. 求证: 存在一个国家, 这个国家派出的选手中至少有4 人恰好只答对了第1 题.

证明 设46 个国家共有 s 个人参赛, 现从中任选一人. 记 $A_i = \{$此人答对了第i 题$\}, i = 1, 2, 3, 4$. 又设有 x 个人只答对了第1 题. 依题意有

$$P(A_1) = \frac{235}{s}, P(A_1 A_2) = \frac{59}{s},$$
$$P(A_1 A_3) = \frac{29}{s}, P(A_1 A_4) = \frac{15}{s},$$
$$P(A_1 A_2 A_3 A_4) = \frac{3}{s}, P(A_1 A_2 A_3 \overline{A}_4) > 0,$$
$$P(A_1 \overline{A}_2 \overline{A}_3 \overline{A}_4) = \frac{x}{s},$$

108

显然

$$P(A_1A_2A_4) \geq P(A_1A_2A_3A_4) = \frac{3}{s},$$
$$P(A_1A_3A_4) \geq P(A_1A_2A_3A_4) = \frac{3}{s},$$

而

$$P(A_1A_2A_3) = P(A_1A_2A_3A_4) + P(A_1A_2A_3\bar{A}_4) > \frac{3}{s},$$

注意

$$A_1 = A_1\left[(A_2A_3A_4) \cup \left(\overline{A_2A_3A_4}\right)\right]$$
$$= \left[(A_1 \cup A_2)(A_1 \cup A_3)(A_1 \cup A_4)\right] \cup \left(A_1\bar{A}_2\bar{A}_3\bar{A}_4\right),$$

有

$$\begin{aligned} P(A_1) =& P\left[(A_1 \cup A_2)(A_1 \cup A_3)(A_1 \cup A_4)\right] + \\ & P\left(A_1\bar{A}_2\bar{A}_3\bar{A}_4\right) \\ =& P(A_1A_2) + P(A_1A_3) + P(A_1A_4) - \\ & P(A_1A_2A_3) - P(A_1A_2A_4) + P(A_1A_3A_4) + \\ & P(A_1A_2A_3A_4) + P(A_1\bar{A}_2\bar{A}_3\bar{A}_4) \end{aligned}$$

即

$$\begin{aligned} P\left(A_1\bar{A}_2\bar{A}_3\bar{A}_4\right) =& P(A_1) - P(A_1A_2) - P(A_1A_3) - \\ & P(A_1A_4) + P(A_1A_2A_3) + P(A_1A_2A_4) + \\ & P(A_1A_3A_4) - P(A_1A_2A_3A_4) \end{aligned}$$

从而

$$\frac{x}{s} > \frac{235}{s} - \frac{59}{s} - \frac{29}{s} - \frac{15}{s} + \frac{9}{s} - \frac{3}{s} = \frac{138}{s},$$

即至少有139个人只答对了第1题. 注意$139 = 138 + 1 = 3 \times 46 + 1$, 由抽屉原理知, 存在一个国家, 这个国家派出的选手中至少有4人恰好只做对了第1题.

例 3.14. [36] 《数学通讯》2002 年第1 期P24 刊登了一道据报刊信息而设计的应用题:

洪山镇改革开放后, 农民的生活发生了巨大的变化,……, 该镇拥有洗衣机、冰箱、彩电的农户分别占全镇农户总数的77%,80%,91%,又知已拥有冰箱和洗衣机,彩电和洗衣机,彩电和冰箱的分别占59%,70%,72%; "三大件"都没有的农户仅占1%, 从这条消息中你能否给出家中恰有"三大件", "两大件"的农户在全体农户中各占百分之几?

该题的设计人胡理华老师是用集合计数的方法求解此题的, 高中数学新教材添加了初等概率论的内容, 不妨尝试用概率方法处理此问题.

解 设 A, B, C 分别表示拥有洗衣机、冰箱、彩电这三个随机事件, E, F, G 分别表示恰有"三大件", "两大件", "一大件"这三个随机事件. 由题设

$$P(A) = 0.77, P(B) = 0.80, P(C) = 0.91,$$

$$P(AB) = 0.59, P(AC) = 0.70, P(BC) = 0.72,$$

$$P(\bar{A}\bar{B}\bar{C}) = 0.01,$$

于是

$$P(A \cup B \cup C) = 1 - P(\overline{A \cup B \cup C})$$

$$= 1 - P(\bar{A}\bar{B}\bar{C}) = 1 - 0.01 = 0.99,$$

由概率的一般加法公式有

$$P(E) = P(ABC) = P(A \cup B \cup C) - P(A) - P(B) -$$

$$P(C) + P(AB) + P(BC) + P(CA)$$

$$= 0.99 - 0.91 - 0.80 - 0.77 + 0.72 + 0.70 + 0.59$$

$$= 0.52,$$

进而

$$P(\overline{A}BC) = P(BC - ABC) = P(BC) - P(ABC)$$

$$= 0.72 - 0.52 = 0.2,$$

$$P(A\overline{B}C) = P(AC - ABC) = P(AC) - P(ABC)$$

$$= 0.70 - 0.52 = 0.18,$$

$$P(AB\overline{C}) = P(AB - ABC) = P(AB) - P(ABC)$$
$$= 0.59 - 0.52 = 0.07,$$

于是

$$P(E) = P(ABC) = P(F)$$
$$= P(\overline{A}BC \cup A\overline{B}C \cup AB\overline{C})$$
$$= P(\overline{A}BC) + P(A\overline{B}C) + P(AB\overline{C})$$
$$= 0.2 + 0.18 + 0.07 = 0.45.$$

注意 $A \cup B \cup C = E \cup F \cup G$, 且 E, F, G 互不相容, 有

$$P(G) = P(A \cup B \cup C) - P(E) - P(F)$$
$$= 0.99 - 0.52 - 0.45 = 0.02.$$

所以家中恰有"三大件""两大件""一大件"的农户在全体农民中各占52%, 45%, 2%.

例 3.15. [37] 《数理统计与管理》1988 年第6期中的《巧算"百分比"》一文采用从"中心"向外推算的办法计算出"三大件"齐备的家庭所占的百分比.

石焕南[37]利用概率的一般加法公式简便计算如下:

设 $A = \{$有彩电$\}$, $B = \{$有冰箱$\}$, $C = \{$有洗衣机$\}$. 已知 $P(A) = 0.34$, $P(B) = 0.38$, $P(C) = 0.56$, $P(AB) = 0.09$, $P(BC) = 0.11$, $P(AC) = 0.13$, $P(\overline{A}\overline{B}\overline{C}) = 0.02$. 注意 $\overline{A}\overline{B}\overline{C} = \overline{A \cup B \cup C}$, 可知 $P(A \cup B \cup C) = 0.98$, 将上述结果代入一般加法公式(1.4)立得 $P(ABC) = 0.03$, 即"三大件"齐备的家庭所占的百分比.

例 3.16. [52] 有六名学生在站队, 由于特殊原因这六名学生中有一名学生的位置既不能在排头、也不能在排尾, 问在这样的情况下, 共有多少种可能的站法?

解 将这六名学生的站队情况看成一个随机试验, $n = \mathrm{A}_6^6 = 720$ 表示该试验所包含的基本事件的总数. 记$A = \{$既不能站在排头也不能站在排尾的学生$\}$, $B = \{$站在排头的某一名学生$\}$, $C = \{$站在排尾的某一名学生$\}$, 联系实际情况可知六名学生站在排头排尾的情况是等可能现象, 由此可以得出式子

$$P(B) = P(C) = \frac{1}{6},$$

$$P(A) = 1 - [P(B) + P(C)] = 1 - \left(\frac{1}{6} + \frac{1}{6}\right) = \frac{2}{3},$$

由此式子可以进一步得到$m = nP(A) = 720 \times \frac{2}{3} = 480$.

例 3.17. [74] 在不含数字$0, 9$ 的所有$n, n \geq 5$ 位自然数中, 同时包括数字$1, 2, 3, 4, 5$ 的数有多少个? 这里数字可重复.

解 考虑随机试验: 从1 到8 这8 个自然数中有放回地取n, $n \geq 5$ 个数. 设A_i 表示取出的数不含i, $i = 1, 2, 3, 4, 5$, B 表示取出的n 个自然数中, 同时包括数字$1, 2, 3, 4, 5$, 则$B = \bigcap\limits_{i=1}^{5} \overline{A_i}$, 于是

$$P(B) = P(\bigcap_{i=1}^{5} \overline{A_i}) = 1 - P(\bigcap_{i=1}^{5} A_i)$$

$$= 1 - [\sum_{i=1}^{5} P(A_i) - \sum_{1 \leq i < j \leq n} P(A_i A_j) +$$

$$\sum_{1 \leq i < j < k \leq n} P(A_i A_j A_k) -$$

$$\sum_{1 \leq i < j < k < t \leq n} P(A_i A_j A_k A_t) + P(\bigcap_{i=1}^{5} A_i)]$$

$$= 1 - (\mathrm{C}_5^1 \times \frac{7^n}{8^n} - \mathrm{C}_5^2 \times \frac{6^n}{8^n} + \mathrm{C}_5^3 \times \frac{5^n}{8^n} -$$

$$\mathrm{C}_5^4 \times \frac{4^n}{8^n} + \mathrm{C}_5^5 \times \frac{3^n}{8^n})$$

$$=\frac{1}{8^n}(8^n - 5 \times 7^n + 10 \times 6^n -$$
$$10 \times 5^n + 5 \times 4^n - 3^n),$$

由此可见, 在不含数字0 和9 的所有n 位自然数中, 同时包括数字$1, 2, 3, 4, 5$ 的共有$8^n - 5 \times 7^n + 10 \times 6^n - 10 \times 5^n + 5 \times 4^n - 3^n$ 个.

例 3.18. [74]　由数字$1, 2, 3$ 组成的n 位数中, $1, 2, 3$ 的每一个至少出现一次, 问这样的n 位数有多少个?

(1983 年匈牙利数学奥林匹克竞赛题)

解 考虑随机试验: 从$1, 2, 3$ 这3 个自然数中有放回地取n 个数. 设A_i 表示取出的数不出现$i, i = 1, 2, 3$, B 表示取出的n 个数中$1, 2, 3$ 的每一个至少出现一次, 则$B = \bar{A}_1 \bar{A}_2 \bar{A}_3$, 于是

$$P(B) = 1 - P(\overline{B}) = 1 - P(A_1 \cup A_2 \cup A_3)$$
$$=1 - [\sum_{i=1}^{3} P(A_i) - \sum_{1 \le i < j \le 3} P(A_i A_j) + P(A_1 A_2 A_3)]$$
$$=1 - \left(C_3^1 \times \frac{2^n}{3^n} - C_3^2 \times \frac{1^n}{3^n} + 0\right)$$
$$=\frac{1}{3^n}(3^n - 3 \times 2^n + 3),$$

由此可见, 由数字$1, 2, 3$ 组成的n 位数中, $1, 2, 3$ 的每一个至少出现一次共有$3^n - 3 \times 2^n + 3$个.

例 3.19. [78]　试求n 阶行列式的展开式中包含主对角线元素的项数.

解　设n 阶行列式中元素为$a_{i_j}, i, j =, 2, 3, \cdots, n$, 其展开式中包含主对角线的元素的项数为$M$. 令事件$A = \{$至少包含一个主对角线元素的项$\}$, n 阶行列式的展开式有$n!$ 项, 则$P(A) = \frac{M}{n!}$.

设事件 $A_k = \{n$ 阶行列式中含有 a_{k_k} 的项$\}, k = 1, 2, \cdots, n,$ 则

$$P(A_k) = \frac{(n-1)! \cdot 1}{n!} = \frac{1}{n} = \frac{1}{P_n^1},$$

$$P(A_i A_j) = \frac{(n-2)! \cdot 1}{n!} = \frac{1}{P_n^2}, i \neq j,$$

$$\cdots\cdots$$

$$P(A_1 A_2 \cdots A_n) = \frac{1}{n!}.$$

由概率的一般加法公式, 有

$$P(A) = C_n^1 \frac{1}{P_n^1} + C_n^2 \frac{1}{P_n^2} + \cdots + (-1)^{n-1} C_n^n \frac{1}{n!}$$

$$= 1 - \frac{1}{2!} + \cdots + (-1)^{n-1} \frac{1}{n!}$$

$$= \sum_{i=1}^{n} (-1)^{i-1} \frac{1}{i!}.$$

所以 $M = n! \sum_{i=1}^{n} (-1)^{i-1} \frac{1}{i!}.$

例 3.20. [66] 设 $1 < r \leq n$, 考虑集合 $\{1, 2, 3, \ldots, n\}$ 的所有含 r 个元素的子集及每个这样子集的最小元素, 设 $F(n, r)$ 表示这样子集各自的最小元素的算术平均数, 则 $F(n, r) = \frac{n+1}{r+1}$.

证明 从 1 到 n 这 n 个自然数中不放回地随机抽取 r 个数, $r \leq n$, ξ 表示取出的最小数, 则相当于证明 $E(\xi) = \frac{n+1}{r+1}$. 易见

$$P(\xi = k) = \frac{C_{n-k}^{r-1}}{C_n^r}, \ k = 1, 2, \cdots, n - r + 1.$$

由 $\sum\limits_{k=1}^{n-r+1} P(\xi = k) = 1$ 可得 $\sum\limits_{k=1}^{n-r+1} C_{n-k}^{r-1} = C_n^r$. 易见

$$P(\xi \geq k) = \frac{C_{n-k+1}^r}{C_n^r}, \tag{3.33}$$

114

于是, 由式(1.13)

$$E(\xi) = \sum_{k=1}^{n-r+1} P(\xi \geq k) = \sum_{k=1}^{n-r+1} \frac{C_{n-k+1}^r}{C_n^r}$$

$$= \sum_{k=1}^{(n+1)-(r+1)+1} \frac{C_{(n+1)-k}^{(r+1)-1}}{C_n^r} \overset{\text{由式}(3.33)}{=} \frac{C_{n+1}^{r+1}}{C_n^r} = \frac{n+1}{r+1}.$$

$$\tag{3.34}$$

例 3.21. [75] $A_1, A_2, \cdots, A_n$, $n \geq 3$ 这 n 个人相互传球, 由 A_1 开始发球, 这称为第一次传球, 经过 $k, k \geq 2$ 次传球后, 球仍回到 A_1 手中, 试求所有不同的传球方式的种数 N.

解 设 p_k 为经过 k 次传球后, 球仍回到 A_1 手中的概率, 则 $p_1 = 0$. 记事件 $A = \{$第 $k-1$ 次传球后, 球回到 A_1 手中$\}$, 事件 $B = \{A_2, A_3, \cdots, A_n$ 中任何一人把球传给 $A_1\}$, 则 $\overline{A} = \{$第 $k-1$ 次后, 球传到 $A_2, A_3, \cdots, A_n$ 中任何一人手中$\}$, 且 $P(\overline{A}) = 1 - p_{k-1}$. 由于 $A_2, A_3, \cdots, A_n$ 中任何一个人把球传给 A_1 的概率为 $\frac{1}{n-1}$, 所以 $P(B \mid \overline{A}) = \frac{1}{n-1}$. 又因为第 k 次 A_1 拿到球是经过 $A_2, A_3, \cdots, A_n$ 传来的, 所以据条件概率公式, 第 k 次传球后, 球仍回到 A_1 手中的概率 p_k 为

$$p_k = P(\overline{A}B) = P(\overline{A})P(B \mid \overline{A}) = (1 - p_{k-1})\frac{1}{n-1},$$

即

$$p_k - \frac{1}{n} = -\frac{1}{n-1}\left(p_{k-1} - \frac{1}{n}\right),$$

故 $\{p_k - \frac{1}{n}\}$ 是以 $p_1 - \frac{1}{n}$ 为首项, 以 $-\frac{1}{n-1}$ 为公比的等比数列, 从而可得

$$p_k - \frac{1}{n} = -\frac{1}{n}\left(-\frac{1}{n-1}\right)^{k-1},$$

即
$$p_k = \frac{1}{n}\left[1 - \left(-\frac{1}{n-1}\right)^{k-1}\right]. \qquad (3.35)$$

在 $A_1, A_2, \cdots, A_n$ 之间传球, 经过 k 次传球的不同方式的种数为

$$M = C_{n-1}^1 \cdot C_{n-1}^1 \cdots C_{n-1}^1 = (n-1)^k,$$

所以经过 k 次传球后, 球仍回到 A_1 手中的不同的传球方式的种数为

$$N = M \cdot p_k = (n-1)^k \cdot \frac{1}{n}\left[1 - \left(-\frac{1}{n-1}\right)^{k-1}\right],$$

即
$$N = \frac{(n-1)^k + (n-1) \cdot (-1)^k}{n}. \qquad (3.36)$$

把 $k = 1$ 代入式(3.36)时, 得 $N = 0$, 这与题意也相吻合. 所以原题中的 $k \geq 2$ 可改为 $k \geq 1$. 当 $n = 2$ 时, 若 k 为奇数, 则 $p_k = 0$; 若 k 为偶数, 则 $p_k = 1, N = 1$, 可见, 当 $n = 2$ 时, (3.35), (3.36) 两式仍成立, 且与题意也是一致的. 所以原题中的 $n \geq 3$ 可放宽到 $n \geq 2$.

由于 $p_k = \frac{1}{n}\left[1 - \left(-\frac{1}{n-1}\right)^{k-1}\right]$, 所以 $\lim\limits_{k \to \infty} p_k = \frac{1}{n}(n > 2)$. 可见, 随着传球次数的无限增加, 恰好回到 A_1 (或任一人)手中的概率无限趋近于 $\frac{1}{n}$, 即每人得球的机会几乎均等. 当 k 特别大时, $p_k \approx \frac{1}{n}$.

运用上述同样的方法可以解决以下问题:

已知四面体 $A - BCD$, 有一只小虫自顶点 A 沿每一条棱以等可能的概率爬到另外三个顶点 B, C, D, 然后又从 B, C, D 中的一个顶点沿一条棱以等可能的概

116

率爬到其他三个顶点, 依次进行下去.

(1) 求小虫爬行2 007次恰好爬到点 A 的所有不同的方法;

(2) 求小虫爬行2 007次恰好爬到点 A 的概率.

第4章 概率与求和

4.1 概率与有限和

例 4.1. [1] 求 $1 + 2 + 3 + \cdots + n$.

解 设有 $n+1$ 个外形完全相同的罐子, 每个罐子中装有 n 个大小相同的球, 在第 i 个罐中有 i 个红球, $n-i$ 个白球, $i = 0, 1, \cdots, n$, 今从 $n+1$ 个罐中任取一罐, 并从这罐中任取一球, 令 $A = \{$ 从第 i 罐中取球$\}, i = 0, 1, \cdots, n$, $B = \{$ 取到红球$\}$, 则

$$P(A_i) = \frac{1}{n+1}, \ P(B \mid A_i) = \frac{i}{n},$$

$$P(\overline{B} \mid A_i) = 1 - P(B \mid A_i) = \frac{n-i}{n}, \ i = 0, 1, \cdots, n.$$

由全概率公式

$$P(B) = \sum_{i=0}^{n} P(A_i)P(B \mid A_i)$$

$$= \frac{1}{n+1} \sum_{i=0}^{n} \frac{i}{n} = \frac{1}{n(n+1)}(1 + 2 + 3 + \cdots + n),$$

$$P(\overline{B}) = \sum_{i=0}^{n} P(A_i)P(\overline{B} \mid A_i)$$

$$= \frac{1}{n+1} \sum_{i=0}^{n} \frac{n-i}{n} = \frac{1}{n+1} \sum_{j=0}^{n} \frac{j}{n}$$

$$= \frac{1}{n(n+1)} \sum_{j=0}^{n} i$$

$$= \frac{1}{n(n+1)} (1+2+3+\cdots+n),$$

由 $P(B) + P(\overline{B}) = 1$, 得

$$\frac{1+2+3+\cdots+n}{n(n+1)} + \frac{1+2+3+\cdots+n}{n(n+1)} = 1,$$

即

$$1+2+3+\cdots+n = \frac{n(n+1)}{2}.$$

例 4.2. [1] 求

$$1^2 + 2^2 + 3^2 + \cdots + n^2.$$

解 从装有大小相同而标有号码 $1, 2, \cdots, n+2$ 的 $n+2$ 个球的罐中任取出三个球来, 令 $A_j = \{$所取出三个球中号码最小的是 $j\}$, $j = 1, 2, \cdots, n$, 则

$$P(A_j) = \frac{C_{n+2-j}^2 C_1^1}{C_{n+2}^3} = \frac{3(n+2-j)(n+1-j)}{n(n+1)(n+2)}$$

由于 $\sum\limits_{j=1}^{n} A_j = \Omega$, 所以

$$\sum_{j=1}^{n} P(A_j) = \sum_{j=1}^{n} \frac{3(n+2-j)(n+1-j)}{n(n+1)(n+2)}$$

$$= \frac{3}{n(n+1)(n+2)} \sum_{i=1}^{n} i(i+1) = 1,$$

$$1^2 + 2^2 + 3^2 + \cdots + n^2 = \frac{n(n+1)(n+2)}{3} - \sum_{i=1}^{n} i$$

119

$$= \frac{n(n+1)(2n+1)}{6}.$$

同理可证

$$1^3 + 2^3 + 3^3 + \cdots + n^3 = \frac{n(n+1)^2}{4}.$$

例 4.3. [52]　求证下列代数恒等式成立:

$$\sum_{r=0}^{n} C_{n+r}^{r} [(1-x)^{n+1} x^r + x^{n+1}(1-x)^r] = 1 \quad (4.1)$$

解 考虑模型: 假设 A 和 B 两个队伍共同参加一项体育竞赛, 在整个竞赛中, 谁先赢得 $n+1$ 场胜利谁所在的队伍就将在整场比赛中优先胜出, 在整个比赛中不存在平局的现象. 由此, 我们设 x 是 A 队在每一次竞赛中胜出 B 队的概率, 由此可以推出 $1-x$ 是 B 队在每一次竞赛中胜出 A 队的概率. 在 $n+1+r$ 场比赛中($r = 1, 2, \cdots, n$), A 队要想最后获得冠军, 必须要在最后一轮竞赛中战胜 B 队, 在此前提下, 还必须要在前 $n+r$ 场比赛中取得 n 场胜利. 由此, 我们可以得到 A 队在 $n+1+r$ 场比赛中获胜的概率为

$$P(A) = \sum_{r=0}^{n} C_{n+r}^{n} x^{n+1}(1-x)^r.$$

同理, B 队在 $n+1+r$ 场比赛中胜出的概率为

$$P(A) = \sum_{r=0}^{n} C_{n+r}^{n} (1-x)^{n+1} x^r.$$

显然 $P(A) + P(B) = 1$, 由此即可得证.

例 4.4. [55] 证明

$$\sum_{k=0}^{m} \frac{(n-m) C_m^k}{(n-k) C_n^k} = 1. \tag{4.2}$$

120

证明 建立一个随机模型: 一个口袋中装有 n 个球, 其中有 m 个是白球, 其余是黑球, 不返回地连续从袋中取球直到取出黑球时停止. 设停止时取出的白球数是随机变量 ξ, 其分布列是:

$$P(\xi = k) = \frac{(n-m)\mathrm{C}_m^k}{(n-k)\mathrm{C}_n^k}, k = 0, 1, \cdots, m.$$

由分布列的规范性知

$$\sum_{k=0}^{m} P(\xi = k) = \sum_{k=0}^{m} \frac{(n-m)\mathrm{C}_m^k}{(n-k)\mathrm{C}_n^k} = 1.$$

例 4.5. [55] 证明

$$\sum_{k=0}^{n} \left[\frac{1}{k!} \sum_{i=0}^{n-k} (-1)^i \frac{1}{i!} \right] = 1. \tag{4.3}$$

证明 建立一个随机模型: 设有 n 个人参加集会, 他们将帽子放在一起, 会后每人任取一顶帽子戴, 记 $A_k = \{$恰有 k 个人戴对自己的帽子$\}, k = 0, 1, \cdots, n$, 则

$$P(A_k) = \frac{1}{k!} \sum_{i=0}^{n-k} (-1)^i \frac{1}{i!},$$

$\bigcup_{k=0}^{n} A_k = \Omega$ 且 $A_i \cap A_j = \Phi, i \neq j, i, j = 0, 1, \cdots, n$, 从而

$$1 = P(\Omega) = \sum_{k=0}^{n} P(A_k) = \sum_{k=0}^{n} \left[\frac{1}{k!} \sum_{i=0}^{n-k} (-1)^i \frac{1}{i!} \right] = 1.$$

例 4.6. 设 $p_n(k)$ 为集 $\{1, 2, \cdots, n\}$ 的恰有 k 个固定点的排列(置换) 的个数, 证明

$$\sum_{k=0}^{n} k p_n(n) = n!. \tag{4.4}$$

121

注: 集 S 的置换 f, 即 S 到自身的一一对应, 若 $f(i) = i$, 则称 $i \in S$ 为 f 的固定点.

(第28 届IMO 第1 题)

证明 要证的结论即

$$\sum_{k=0}^{n} k \frac{p_n(n)}{n!} = 1. \qquad (4.5)$$

其中 $\frac{p_n(n)}{n!}$ 是恰有 k 个固定点的置换出现的概率, 因此式(4.5)表示固定点的数学期望(平均值)为1.

令 $f(i)$ 表示 i 经置换后的位置. 定义随机变量

$$\xi_i = \begin{cases} 1, & \text{若} f(i) = i, \\ 0, & \text{若} f(i) \neq i, \end{cases}$$

则 $\xi = \sum_{i=1}^{n} \xi_i$ 表示置换 f 的固定点的个数. 由于概率

$$P(\xi_i = 1) = \frac{(n-1)!}{n!} = \frac{1}{n},$$

所以

$$E(\xi) = 0 \times \left(1 - \frac{1}{n}\right) + 1 \times \frac{1}{n} = \frac{1}{n}, i = 1, 2, \cdots, n.$$

从而

$$E(\xi) = E\left(\sum_{i=1}^{n} \xi_i\right) = \sum_{i=1}^{n} E(\xi_i) = \sum_{i=1}^{n} \frac{1}{n} = 1.$$

例 4.7. [76] 求证

$$1 + \frac{A-a}{A-1} + \frac{(A-a)(A-a-1)}{(A-1)(A-2)} + \cdots +$$

$$\frac{(A-a)(b-1)\cdots 2 \cdot 1}{(A-1)(A-2)\cdots(a+1)\cdot a} = \frac{A}{a}, \qquad (4.6)$$

其中A, a 都是正整数, 且$A > a$.

证明 等式两边都乘以$\frac{a}{A}$, 则变为

$$\frac{a}{A} + \frac{(A-a)a}{A(A-1)} + \frac{(A-a)(A-a-1)a}{A(A-1)(A-2)} + \cdots +$$

$$\frac{(A-a)\cdots 2 \cdot 1}{A(A-1)\cdots(a+1)\cdot a} = 1.$$

我们构造一个摸球模型. 设在袋中有a 个红球, $A - a$ 个黑球, 所以总共有A 个球. 随机地从袋中不放回地摸球, 每次摸一球, 设B_i 表示在第i 次摸球时摸到红球的事件, 则$\bar{B}_i$ 表示在第i 次摸球时摸到黑球的事件. C_k 表示第$k+1$ 次摸球时第一次摸到红球的事件, 则它必然是在前k 次均摸到黑球, 而在第$k+1$ 次摸到红球. 由于各次摸球是互相独立的, 所以

$$\begin{aligned} P(C_k) &= P(\bar{B}_1 \cdot \bar{B}_2 \cdots \bar{B}_k B_{k+1}) \\ &= P(\bar{B}_1)P(\bar{B}_2)\cdots P(\bar{B}_k)P(B_{k+1}) \\ &= \frac{A-a}{A} \cdot \frac{A-a-1}{A-1} \cdots \frac{A-a-k+1}{A-k+1} \cdot \frac{a}{A-k}. \end{aligned}$$

因为黑球只有$A - a$ 个, 所以$k = 0, 1, \cdots, A - a$, 而构成互不相容的完备事件组, 故

$$P(C_0) + P(C_1) + P(C_2) + \cdots + P(C_{A-a})$$

$$= \frac{a}{A} + \frac{(A-a)a}{A(A-1)} + \frac{(A-a)(A-a-1)a}{A(A-1)(A-2)} + \cdots +$$

$$\frac{(A-a)\cdots 2 \cdot 1}{A(A-1)\cdots(a+1)\cdot a} = 1.$$

若令$A = a + b$, 则上例就化为下例.

例 4.8. [76] 证明等式

$$1 + \frac{b}{a+b-1} + \frac{b(b-1)}{(a+b-1)(a+b-2)} + \cdots +$$

123

$$\frac{b(b-1)\cdots 2\cdot 1}{(a+b-1)(a+b-2)\cdots(a+1)a} = \frac{a+b}{a}, \quad (4.7)$$

其中a, b 为大于零的整数.

例 4.9. [61]   求下列组合级数的和

$$\sum_{k=1}^{n} k^2 C_n^k. \qquad (4.8)$$

(第23届Putnam(普特南)数学竞赛题)

解 将一枚均匀硬币投掷n 次, ξ 表示出现正面的次数这一随机变量, 则ξ 的分布列为

$$P(\xi = k) = C_n^k \left(\frac{1}{2}\right)^n, \ k = 0, 1, \cdots, n,$$

则

$$E(\xi^2) = \sum_{k=1}^{n} k^2 \left(\frac{1}{2}\right)^n.$$

另外, 令

$$\xi_i = \begin{cases} 1, & \text{第}i \text{ 次正面向上} \\ 0, & \text{第}i \text{ 次反面向上}, i = 1, 2, \cdots, n, \end{cases}$$

则$\xi_1, \cdots, \xi_n$ 相互独立, 且$\xi = \sum\limits_{i=1}^{n} \xi_i$, $E(\xi) = P(\xi_i = 1) = \frac{1}{2}$, $D(\xi) = \frac{1}{2} \cdot \frac{1}{2} = \frac{1}{4}$, 于是

$$E(\xi) = \sum_{i=1}^{n} E(\xi_i) = \frac{n}{2}, \ D(\xi) = \sum_{i=1}^{n} D(\xi_i) = \frac{n}{4},$$

从而

$$E(\xi^2) = D(\xi) + [E(\xi)]^2 = \frac{n}{4} + \frac{n^2}{4} = \frac{1}{4}n(n+1),$$

由

$$\sum_{k=1}^{n} k^2 C_n^k \left(\frac{1}{2}\right)^n = \frac{1}{4}n(n+1),$$

可得

$$\sum_{k=1}^{n} k^2 C_n^k = n(n+1)2^{n-2}.$$

4.2 概率与级数和

例 4.10. [61] 求下列级数的和

$$\sum_{n=1}^{\infty} \frac{n^2}{n!};$$

$$\sum_{n=2}^{\infty} \frac{(n-1)^2}{n!}. \tag{4.9}$$

解 设随机变量服从参数 λ 的Poisson分布, 即 $P(\xi = k) = \frac{1}{k!}e^{-1}, k = 0, 1, 2, \cdots$, 则 $E(\xi^2) = \lambda^2 + \lambda = 2$, 由于

$$E(\xi^2) = \sum_{k=0}^{\infty} k^2 \cdot \frac{1}{k}e^{-1} = e^{-1}\sum_{n=1}^{\infty} \frac{n^2}{n!} = 2,$$

所以 $\sum\limits_{n=1}^{\infty} \frac{n^2}{n!} = 2e$. 又 $D(\xi) = \lambda = 1$, 由于

$$D(\xi) = \sum_{k=0}^{\infty} (k-1)^2 \cdot \frac{1}{k!}e^{-1} = e^{-1}\sum_{n=0}^{\infty} \frac{(n-1)^2}{n!} = 1,$$

所以

$$\sum_{n=0}^{\infty} \frac{(n-1)^2}{n!} = \sum_{n=2}^{\infty} \frac{(n-1)^2}{n!} + 1,$$

125

进而
$$\sum_{n=2}^{\infty} \frac{(n-1)^2}{n!} = e - 1.$$

例 4.11. [26] 计算

$$\sum_{k=1}^{\infty} \left\{ [(k-1)n + m](kn + m) \cdots [(r-k-1)n + m] \right\}^{-1}$$
$$= \left\{ m(n + m) \cdots [(r-1)n + m]rn \right\}^{-1}, \qquad (4.10)$$

其中 m, n, r 为任意自然数.

解 考虑这样的随机试验: 一个口袋中装有 rn 个红球和 m 个白球, 每次从中任取一球, 取后放回. 若取到红球, 则停止取球; 若取到白球, 则在口袋中再装入 n 个白球，然后继续按上述规则取球, 直到取得红球为止.

令

$$A = \left\{ 停止取球 \right\},$$

$$A_k = \left\{ 取了 k 次球后停止取球 \right\}, k = 1, 2, 3, \cdots,$$

则

$$P(A_1) = \frac{rn}{rn + m},$$

$$P(A_2) = \frac{m}{rn + m} \cdot \frac{rn}{(r+1)n + m},$$

$$\cdots\cdots$$

$$P(A_{r+3}) = \frac{m}{rn + m} \cdot \frac{n + m}{(r+1)n + m} \cdots \frac{rn + m}{2rn + m} \cdot$$
$$\frac{(r+1)n + m}{(2r+1)n + m} \cdot \frac{rn}{(2r+2)n + m},$$

$$\cdots\cdots$$

一般地

$$P(A_k) = \{m(n+m)\cdots[(r-1)n+m]rn\}\cdot$$
$$= \{[(k-1)n+m](kn+m)\cdots[(r+k-2)n]+$$
$$m[(r+k-1)n+m]\}^{-1},$$
$$k = 1, 2, 3, \cdots. \tag{4.11}$$

由于诸A_k两两互不相容, 且$A = \bigcup\limits_{k=1}^{\infty} A_k$, 所以

$$P(A) = \sum_{k=1}^{\infty} P(A_k). \tag{4.12}$$

另外, A 的对立事件$\bar{A} = \{$取球不止$\}$. 若令$B_k = \{$前k次取的都是白球$\}$, 易见$\bar{A} = \bigcap\limits_{k=1}^{\infty} B_k$, 且$B_k \supset B_{k+1}, k = 1, 2, 3, \cdots$, 由概率的连续性定理, 有

$$P(\bar{A}) = \lim_{k\to\infty} P(B_k)$$
$$= \lim_{k\to\infty} \{m(m+n)\cdots[(r-1)n+m]\}\cdot$$
$$\{(kn+m)[(k+1)n+m]\cdots[(r-k-1)n+m]\}^{-1}$$
$$= 0,$$

从而$P(A) = 1 - P(\bar{A}) = 1$, 结合式(4.11)和(4.12) 即证得例4.11的结论.

当赋予m, n, r 适当的值时可得到一些常见的级数的和, 例如: 当$r = m = n = 1$ 时, 有

$$\frac{1}{1\cdot 2} + \frac{1}{2\cdot 3} + \frac{1}{3\cdot 4} + \cdots + \frac{1}{k\cdot(k+1)} + \cdots = 1.$$

当 $m = 1, n = 2, r = 1$ 时, 有

$$\frac{1}{1 \cdot 3} + \frac{1}{3 \cdot 5} + \frac{1}{5 \cdot 7} + \cdots + \frac{1}{(2k-1) \cdot (2k+1)} + \cdots = \frac{1}{2}.$$

当 $m = 1, n = 1, r = 2$ 时, 有

$$\frac{1}{1 \cdot 2 \cdot 3} + \frac{1}{2 \cdot 3 \cdot 4} + \frac{1}{3 \cdot 4 \cdot 5} + \cdots +$$
$$\frac{1}{k \cdot (2k-1) \cdot (2k+1)} + \cdots = \frac{1}{4}.$$

当 $m = 1, n = 2, r = 2$ 时, 有

$$\frac{1}{1 \cdot 3 \cdot 5} + \frac{1}{3 \cdot 5 \cdot 7} + \frac{1}{5 \cdot 7 \cdot 9} + \cdots +$$
$$\frac{1}{(2k-1) \cdot (2k+1) \cdot (2k+3)} + \cdots = \frac{1}{12},$$

等等. 仅通过建立一个简单的随机模型, 就解决了一类级数的求和问题, 概率方法在这里所显示出来的高效率是普通的分析方法所无法比拟的.

例 4.12. [26] 证明

$$\sum_{k=1}^{\infty} \frac{(k+r-1)m^{k-1}}{(k+m+r-1)!} = \frac{1}{(r+m-1)!}$$

其中 m, r 为任意自然数.

解 将例4.11 中所考虑的随机试验的条件"一个口袋中装有 rn 个红球和 m 个白球"改为" 一个口袋

128

中装有 r 个红球和 m 个白球", 并将条件"若取到白球, 则在袋中再装入一个白球"改为"若取到白球, 则在袋中再装入1个红球", 则与例4.11的证明类似, 可证得例4.12的结论.

特别地, 当 $m = r = 1$ 时, 有
$$\frac{1}{2!} + \frac{2}{3!} + \frac{3}{4!} + \cdots + \frac{k}{(k+1)!} + \cdots = 1,$$
当 $m = 2, r = 1$ 时, 有
$$\frac{2}{3!} + \frac{2 \cdot 2^2}{4!} + \frac{3 \cdot 2^3}{5!} + \cdots + \frac{k \cdot 2^k}{(k+2)!} + \cdots = 1,$$
这些也是常见的无穷级数.

例 4.13. [26] 证明
$$\sum_{k=1}^{\infty} \frac{(r-1)k + r}{k(k+1)r^k} = 1,$$
其中 r 为任意自然数.

证明 将例4.12中所提及的两个条件分别改为"一个口袋中装有 $2r - 1$ 个红球和1个白球"和"若取到白球, 则在袋中再装入 $r - 1$ 个红球和1个白球", 则类似地可证明该例成立.

特别, 当 $r = 1$ 时, 有
$$\frac{1}{1 \cdot 2} + \frac{1}{2 \cdot 3} + \frac{1}{3 \cdot 4} + \cdots + \frac{1}{k \cdot (k+1)} + \cdots = 1,$$
当 $r = 2$ 时, 有
$$\frac{4}{1 \cdot 2 \cdot 2} + \frac{5}{2 \cdot 3 \cdot 2^2} + \frac{6}{3 \cdot 4 \cdot 2^3} + \cdots + \frac{k+2}{k \cdot (k+1)2^k} + \cdots = 1.$$

例 4.14. [26] 证明
$$\sum_{k=1}^{\infty} \frac{2k-1}{(2k)!!} = 1.$$

129

证明 将例4.12 中所提及的两个条件分别改为"一个口袋中装有1 个红球和1 个白球" 和"若取得白球,则在袋中再装入2 个红球" 即可得证.

若将例4.14 的前一条件改为" 一个口袋中装有2个红球和1 个白球",则可得到下例.

例 4.15. [26]
$$\sum_{k=1}^{\infty} \frac{k}{(2k+1)!!} = \frac{1}{2}.$$

例 4.16. [61] 已知无穷级数
$$\frac{1}{2^2} + (1 - \frac{1}{2^2}) \cdot \frac{1}{3^2} + (1 - \frac{1}{2^2})(1 - \frac{1}{3^2}) \cdot \frac{1}{4^2} + \cdots +$$
$$(1 - \frac{1}{2^2})(1 - \frac{1}{3^2}) \cdots (1 - \frac{1}{n^2}) \frac{1}{(n+1)^2} + \cdots \quad (4.13)$$
试求它的和.

解 构造概率模型如下: 袋中装有白球和红球各一个, 有放回地取两次, 若两次均取得白球, 就视为成功, 若不成功就再放入一红球, 这样一直下去. 如果成功则可得奖, 试求得奖的概率.

由上试验可知: 第一次成功的概率为$\frac{1}{2^2}$, 第一次失败而第二次成功的概率为$(1 - \frac{1}{2^2}) \cdot \frac{1}{3^2}$, 第一次第二次连续失败, 第三次成功的概率为$(1 - \frac{1}{2^2})(1 - \frac{1}{3^2}) \cdot \frac{1}{4^2}$, 该试验一直进行下去, 则得奖的概率为
$$\frac{1}{2^2} + (1 - \frac{1}{2^2}) \cdot \frac{1}{3^2} + (1 - \frac{1}{2^2})(1 - \frac{1}{3^2}) \cdot \frac{1}{4^2} + \cdots +$$
$$(1 - \frac{1}{2^2})(1 - \frac{1}{3^2}) \cdots (1 - \frac{1}{n^2}) \frac{1}{(n+1)^2} + \cdots,$$
由于各次试验中失败的概率依次为
$$1 - \frac{1}{2^2}, 1 - \frac{1}{3^2}, \ldots, 1 - \frac{1}{n^2}, \ldots,$$

所以, 所有各次试验都失败的概率为

$$\lim_{n\to\infty} \left(1 - \frac{1}{2^2}\right)\left(1 - \frac{1}{3^2}\right)\cdots\left(1 - \frac{1}{n^2}\right)$$
$$= \lim_{n\to\infty} \frac{2^2 - 1}{2^2} \cdot \frac{3^2 - 1}{3^2} \cdots \frac{n^2 - 1}{n^2}$$
$$= \lim_{n\to\infty} \frac{n(n+1)}{2n^2} = \frac{1}{2},$$

当然得奖的概率应为 $1 - \frac{1}{2} = \frac{1}{2}$, 故所求级数和为 $\frac{1}{2}$.

例 4.17. [43] 证明

$$\sum_{k=1}^{\infty} \frac{1}{(k+1)(k+2)(k+3)} = \frac{1}{12}. \tag{4.14}$$

证明 考虑这样的问题, 若一个口袋里有一个黑球, 一个红球及一个白球, 现随机从袋中取球, 每次取出一个, 取后放回且再放袋中一个红球. 依次进行, 求取出白球比黑球早的概率. 设 $A = \{$取出白球比黑球早$\}$, $A_k = \{$前 k 次都取出红球, 第 $k+1$ 次取出白球$\}$, $k = 0, 1, 2, \cdots$. 显然, $A_0, A_1, A_2, \cdots$ 两两互斥, 且 $A = \bigcup_{k=0}^{\infty} A_k$, 所以

$$P(A) = P\left(\bigcup_{k=0}^{\infty} A_k\right) = \sum_{k=0}^{\infty} P(A_k).$$

由古典概率计算公式易得

$$P(A_0) = \frac{1}{3}, P(A_1) = \frac{1}{3} \cdot \frac{1}{4}, \cdots,$$
$$P(A_k) = \frac{1}{3} \cdot \frac{2}{4} \cdots \frac{k}{k+2} \cdot \frac{1}{k+3}$$
$$= \frac{2}{(k+1)(k+2)(k+3)}, \cdots,$$

于是

$$P(A) = \sum_{k=0}^{\infty} P(A_k) = \frac{1}{3} + \frac{1}{3} \cdot \frac{1}{4} + \cdots +$$

131

$$\frac{2}{(k+1)(k+2)(k+3)} + \cdots$$

$$= \frac{1}{3} + \sum_{k=1}^{\infty} \frac{2}{(k+1)(k+2)(k+3)}.$$

同理可得

$$P(\overline{A}) = \frac{1}{3} + \sum_{k=1}^{\infty} \frac{2}{(k+1)(k+2)(k+3)}.$$

因为 $P(A) + P(\overline{A}) = 1$, 所以

$$\frac{2}{3} + 2\sum_{k=1}^{\infty} \frac{2}{(k+1)(k+2)(k+3)} = 1,$$

即

$$\sum_{k=1}^{\infty} \frac{1}{(k+1)(k+2)(k+3)} = \frac{1}{12}.$$

例 4.18. [26] 证明

$$\frac{1}{3} + \left(1 - \frac{2}{2 \cdot 3}\right)\frac{2}{3 \cdot 4} + \left(1 - \frac{2}{2 \cdot 3}\right)\left(1 - \frac{2}{3 \cdot 4}\right)\frac{2}{4 \cdot 5} +$$

$$\cdots + \left(1 - \frac{2}{2 \cdot 3}\right)\left(1 - \frac{2}{3 \cdot 4}\right)\cdots\left(1 - \frac{2}{k(k+1)}\right) \cdot$$

$$\left[1 - \frac{2}{(k+1)(k+2)}\right] + \cdots = \frac{2}{3}.$$

证明 考虑这样的随机试验, 有两个口袋, 其中一个口袋中装有两个红球, 另一个口袋中装有一个红球和两个白球. 有放回地从两个口袋中各取一个球, 若取到的两个球均为红球, 则停止取球, 否则在两个口袋中各加进一个白球, 然后继续按上述规则取球, 直到取到的两个球均为红球为止.

令 $A = \{$停止取球$\}$, $A_k = \{$取了 k 次球后停止取球$\}$, $k = 1, 2, 3, \cdots$, 则

$$P(A_1) = \frac{2}{2} \cdot \frac{1}{3} = \frac{1}{3},$$

132

$$P(A_2) = \left(1 - \frac{2}{2 \cdot 3}\right) \frac{2}{3 \cdot 4},$$

$$P(A_3) = \left(1 - \frac{2}{2 \cdot 3}\right) \left(1 - \frac{2}{3 \cdot 4}\right) \frac{2}{4 \cdot 5},$$

$$\cdots\cdots$$

一般地

$$P(A_k) = \left(1 - \frac{2}{2 \cdot 3}\right) \left(1 - \frac{2}{3 \cdot 4}\right) \cdot \cdots \cdot$$
$$\left[1 - \frac{2}{k(k+1)}\right] \frac{2}{(k+1)(k+2)},$$

其中 $k = 2, 3, 4, \cdots$.

由于诸 A_k 两两互不相容，且 $A = \bigcup\limits_{k=1}^{\infty} A_k$，所以 $P(A) = \sum\limits_{k=1}^{\infty} P(A_k)$. 另外，$A$ 的对立事件 $\overline{A} = \{$取球不止$\}$. 易见

$$P(\overline{A})$$
$$= \lim_{k \to \infty} \left(1 - \frac{2}{2 \cdot 3}\right) \left(1 - \frac{2}{3 \cdot 4}\right) \cdots \left[1 - \frac{2}{k(k+1)}\right]$$
$$= \lim_{k \to \infty} \frac{4 \cdot 1}{2 \cdot 3} \frac{5 \cdot 2}{3 \cdot 4} \cdots \frac{(k+2)(k-1)}{k(k+1)}$$
$$= \lim_{k \to \infty} \frac{1}{3} \cdot \frac{k+2}{k} = \frac{1}{3},$$

从而 $P(A) = 1 - P(\overline{A}) = \frac{2}{3}$，得证.

若将例4.18 中的条件"有两个口袋，其中一个口袋中装有两个红球，另一个口袋中装有一个红球和两个白球"改为"有两个口袋，其中一个口袋中装有一个红球和一个白球，另一个口袋中装有三个红球和一个白球"，类似地可证得下面的例题.

例 4.19. [26] 证明

$$\frac{3}{3^2 - 1} + \left(1 - \frac{3}{3^2 - 1}\right) \frac{3}{4^2 - 1} +$$

133

$$\left(1 - \frac{3}{3^2-1}\right)\left(1 - \frac{3}{4^2-1}\right)\frac{3}{5^2-1} + \cdots +$$

$$\left(1 - \frac{3}{3^2-1}\right)\left(1 - \frac{3}{4^2-1}\right)\cdots\cdot$$

$$\left(1 - \frac{3}{k^2-1}\right)\frac{3}{(k+1)^2-1} + \cdots = \frac{3}{4}.$$

若将上面提及的条件改为"有两个口袋,其中一个口袋中装有两个红球和三个白球,另一个口袋中装有四个红球和三个白球."并将例4.18 中的条件"否则在两个口袋中各加进一个白球"改为"否则在两个口袋中各加进两个白球",则类似地可证得下面的例题.

例 4.20. [26] 证明

$$\frac{8}{5\cdot 7} + \left(1 - \frac{8}{5\cdot 7}\right)\frac{8}{7\cdot 9} + \left(1 - \frac{8}{5\cdot 7}\right)\left(1 - \frac{8}{7\cdot 9}\right)\cdot$$

$$\frac{8}{9\cdot 11} + \cdots + \left(1 - \frac{8}{5\cdot 7}\right)\left(1 - \frac{8}{7\cdot 9}\right)\cdots\cdot$$

$$\left[1 - \frac{8}{(2k+3)(2k+5)}\right]\cdot\frac{8}{[2(k+1)+3][2(k+1)+5]} + \cdots$$

$$= \frac{4}{7}.$$

例 4.21. [52] 求证

$$\sum_{n=1}^{\infty} \frac{n}{(n+1)!} = 1.$$

证明 考虑独立重复试验概型,每次试验只有两个结果, A 发生,或 A 不发生. $\frac{n}{n+1}$ 为第 n 次试验中 A 可能发生的概率,在试验中假设 A 发生,则整个试验成功.

通过对上述试验的分析得知:

(1) 假设在第一次试验中 A 就发生,则其发生的概率为 $\frac{1}{2}$;

134

(2) 假设在第二次试验中 A 发生, 第一次试验中 A 不发生, 则事件发生的概率为$(1 - \frac{1}{2}) \times \frac{2}{3} = \frac{2}{3!}$;

(3) 假设在第三次试验中 A 发生, 第一次试验中 A 不发生、第二次试验中 A 也不发生, 则该事件的概率为$(1 - \frac{1}{2}) \times (1 - \frac{2}{3}) \times \frac{3}{4} = \frac{3}{4!}$.

如果这个试验在这种情况下一直循环进行下去, 那么试验成功的概率可以表示为

$$\frac{1}{2!} + \frac{2}{3!} + \frac{3}{4!} + \cdots + \frac{n}{(n+1)!} + \cdots = \sum_{n=1}^{\infty} \frac{n}{(n+1)!}.$$

每一次试验中失败的概率依次为

$$1 - \frac{1}{2}, 1 - \frac{2}{3}, \ldots, 1 - \frac{n}{n+1}, \ldots.$$

每一次试验都失败的概率为

$$\lim_{n \to \infty} \left(1 - \frac{1}{2}\right)\left(1 - \frac{2}{3}\right) \cdots \left(1 - \frac{n}{n+1}\right)$$
$$= \lim_{n \to \infty} \frac{1}{n!} = 0.$$

试验失败的概率为0, 则试验成功的概率为1, 这样我们就证得 $\sum_{n=1}^{\infty} \frac{n}{(n+1)!} = 1$.

例 4.22. [77] 求

$$1 + \frac{N-m}{N+1} \cdot \frac{m+1}{m} + \frac{(N-m)^2}{(N+1)(N+2)} \cdot \frac{m+2}{m} +$$
$$\frac{(N-m)^3}{(N+1)(N+2)(N+3)} \cdot \frac{m+3}{m} + \cdots +$$
$$\frac{(N-m)^{k-1}(m+k-1)}{(N+1)(N+2)\cdots(N+k-1)m} + \cdots. \tag{4.15}$$

解 设箱中装有 N 个球, 其中有 m 个白球, 从中任取一个, 做有放回的取球试验, 若取得一个白球, 则终止, 若每次取出一个黑球后, 还往箱中添加一个黑球

和一个白球, 求最终取得一个白球的概率. 用 A_k 表示前 $k-1$ 次取黑球第 k 次取白球, 即 $A_k = \{\underbrace{\text{黑},\cdots,\text{黑}}_{k-1}\text{白}\}$, 则

$$P(A_1) = \frac{m}{N},$$

$$P(A_2) = \frac{N-m}{N} \cdot \frac{m+1}{N+1},$$

$$P(A_3) = \frac{N-m}{N} \cdot \frac{N-m}{N+1} \cdot \frac{m+2}{N+2},$$

$$P(A_4) = \frac{N-m}{N} \cdot \frac{N-m}{N+1} \cdot \frac{N-m}{N+2} \cdot \frac{m+3}{N+3},$$

$$\cdots\cdots$$

$$P(A_k) = \frac{N-m}{N} \cdot \frac{N-m}{N+1} \cdot \cdots \cdot \frac{N-m}{N+k-2} \cdot \frac{m+k-1}{N+k-1},$$

而 $\bigcup\limits_{k=1}^{\infty} A_k = \Omega$ 且各 A_k 互斥, 故得 $\sum\limits_{k=1}^{\infty} P(A_k) = 1$, 即

$$\frac{m}{N} + \frac{N-m}{N} \cdot \frac{m+1}{N+1} + \frac{(N-m)^2(m+2)}{N(N+1)(N+2)} +$$

$$\frac{(N-m)^3(m+3)}{N(N+1)(N+2)(N+3)} + \cdots +$$

$$\frac{(N-m)^{k-1}(m+k-1)}{N(N+1)\cdots(N+k-1)} + \cdots = 1. \tag{4.16}$$

上式两边同乘以 $\frac{N}{m}$ 就得到所要证的等式.

例 4.23. [54] 求

$$\sum_{n=1}^{\infty} k^2 \left(\frac{2}{3}\right)^{k-1}.$$

解 设随机变量 ξ 能够服从 $p = \frac{1}{3}$ 的几何分布, 则

$$P(\xi = k) = \frac{1}{3}\left(\frac{2}{3}\right)^{k-1}.$$

$E(\xi) = 3$, $D(\xi) = 6$, 从而 $E(\xi^2) = D(\xi) + [E(\xi)]^2 =$

$6 + 9 = 15.$ 另外

$$E(\xi^2) = \sum_{k=1}^{\infty} k^2 \frac{1}{3} \left(\frac{2}{3}\right)^{k-1} = \frac{1}{3} \sum_{k=1}^{\infty} k^2 \left(\frac{2}{3}\right)^{k-1} = 15,$$

因此

$$\sum_{k=1}^{\infty} k^2 \left(\frac{2}{3}\right)^{k-1} = 45.$$

例 4.24. [57] 证明

$$\sum_{k=1}^{N} \frac{nk^{n-1}}{\Gamma(n+k+1)} < \frac{1}{\Gamma(k+1)}. \tag{4.17}$$

分析 此不等式等价于

$$\sum_{k=1}^{N} \frac{nk^{n-1}\Gamma(k+1)}{\Gamma(n+k+1)} < 1,$$

进而等价于

$$\sum_{k=1}^{N} \frac{nk^{n-1}}{(n+k)(n+k-1)\cdots(k+1)} < 1,$$

据此可构造广义Bernoulli(贝努利)模型来求证.

证明 设随机试验E 只有两个基本事件A 和$\overline{A}$. 将E 独立地重复做若干次. 在第n 次试验中, A 出现的概率设为$P_n = \frac{n}{n+k}$, A 不出现的概率则为$1 - P_n = \frac{k}{n+k}$.

f_n 表示n 次试验中A 首次出现的概率, 则有

$$\begin{aligned}
f_n &= (1 - P_1)(1 - P_2)\cdots(1 - P_{n-1})P_n \\
&= \left(1 - \frac{1}{1+k}\right)\left(1 - \frac{2}{2+k}\right)\cdot\ldots\cdot \\
&\quad \left(1 - \frac{n-1}{n-1+k}\right)\frac{n}{n+k}.
\end{aligned}$$

记$P_N = \sum\limits_{n=1}^{N} f_n$, $Q_N = \prod\limits_{n=1}^{N}(1 - P_n)$, 由$P_N + Q_N = 1$,

137

得 $\sum\limits_{n=1}^{\infty} f_n = 1$ 的充要条件为 $\prod\limits_{n=1}^{\infty}(1-P_n) = 0$, 而 $\prod\limits_{n=1}^{\infty}(1-P_n) = \prod\limits_{n=1}^{\infty} \frac{k}{n+k} = 0$, 所以

$$\sum_{n=1}^{\infty} f_n = \sum_{n=1}^{N}\left(1 - \frac{1}{1+k}\right)\left(1 - \frac{2}{2+k}\right)\cdot\ \cdots$$
$$\left(1 - \frac{n-1}{n-1+k}\right)\frac{n}{n+k}$$
$$= \sum_{n=1}^{\infty} \frac{nk^{n-1}}{(n+k)(n+k-1)\cdots(k+1)}$$
$$= \sum_{k=1}^{\infty} \frac{nk^{n-1}\Gamma(k+1)}{\Gamma(n+k+1)} = 1,$$

所以

$$\sum_{k=1}^{N} \frac{nk^{n-1}}{\Gamma(n+k+1)} < \frac{1}{\Gamma(k+1)}.$$

例 4.25. [59] 证明下列等式成立

$$\sum_{k=1}^{\infty} C_n^k p^n q^{n-k} = \sum_{k=1}^{\infty} (-1)^{k-1} C_n^k p^k = 1,$$
$$0 < p < 1, p + q = 1. \qquad (4.18)$$

证明 设随机试验 E 只有两个基本事件 A 和 $\overline{A}$, 将 E 独立地重复做 n 次, 且在每次试验中 A 出现的概率为 p, 不出现的概率为 $q, p + q = 1, 0 < p < 1$.

设 C 是 "事件 A 至少出现一次" 的事件.

(1) 令 B_k 表示 "事件 A 恰好出现 k 次", $k = 1, 2, \cdots, n$; $B_1, B_2, \cdots, B_n$ 两两互斥, 因为 $P(B_k) = C_n^k p^k q^{n-k}$, $k = 1, 2, \cdots, n$, 所以

$$P(C) = \sum_{k=1}^{n} C_n^k p^k q^{n-k}; \qquad (4.19)$$

138

(2) 令 A_i 表示" 事件 A 在第 i 次做试验 E 中出现", $i = 1, 2, \cdots, n$, 则 $C = \bigcup_{i=1}^{n} A_i$, $P(A_i) = p, i = 1, 2, \cdots, n$. 由于 $A_1, A_2, \cdots, A_n$ 并非两两互斥, 所以由概率的一般加法公式可得

$$P(C) = P\left(\bigcup_{i=1}^{n} A_i\right) = \mathrm{C}_n^1 p - \mathrm{C}_n^2 p^2 + \cdots + (-1)^{n-1}\mathrm{C}_n^n p^n;$$

(4.20)

(3) 令 A_i 表示事件 A 在第 i 次做试验 E 中出现 $(i = 1, 2, \cdots, n)$, 则 $P(A_i) = p$, $P(\overline{A}_i) = 1 - p = q$, 又因为对任意 $A_1, A_2, \cdots, A_n$ 有

$$P\left(\bigcup_{i=1}^{n} A_i\right)$$

$$= P(A_1) + P(\overline{A}_1 A_2) + \cdots + P(\overline{A}_1 \overline{A}_2 \cdots \overline{A}_{n-1} A_n),$$

而 $\overline{A}_1, \overline{A}_2, \cdots, \overline{A}_{n-1}, A_n$ 相互独立, 所以

$$
\begin{aligned}
P(C) &= P\left(\bigcup_{i=1}^{n} A_i\right) + \\
&= P(A_1) + P(\overline{A}_1)P(A_2) + \cdots \\
&\quad P(\overline{A}_1)P(\overline{A}_2)\cdots P(\overline{A}_{n-1})P(A_n) \\
&= p + pq + pq^2 + \cdots + pq^{n-1}.
\end{aligned}
$$

(4.21)

由式 (4.19),(4.20),(4.21) 得

$$\sum_{k=1}^{n} \mathrm{C}_n^k p^k q^{n-k} = \sum_{k=1}^{n} (-1)^{k-1} \mathrm{C}_n^k p^k = \sum_{k=1}^{n} pq^{k-1},$$

因为

$$\sum_{k=1}^{n} pq^{k-1} = p\frac{1-q^n}{1-q} = 1 - q^n,$$

所以

$$\sum_{k=1}^{\infty} \mathrm{C}_n^k p^n q^{n-k} = \sum_{k=1}^{\infty} (-1)^{k-1} \mathrm{C}_n^k p^k = \lim_{n\to\infty} (1-q^n) = 1.$$

139

例 4.26.　[59] 求下列级数的和

$$\frac{1}{a_1 a_2 a_3 a_4} + \frac{1}{a_2 a_3 a_4 a_5} + \cdots + \frac{1}{a_n a_{n+1} a_{n+2} a_{n+3}} + \cdots,$$
(4.22)

其中$\{a_n\}$ 是等差数列.

解　构造概率模型: 袋中装有n 个白球, m 个黑球, l 个红球, 从中随机地不放回地一个一个取球, 每取一个球后总以r 个红球放入袋中, 求取得白球比黑球早的概率?

设A: " 取出白球比黑球早", B : "取出黑球比白球早", A_i : " 前$i - 1$ 次取得红球, 第i 次取得白球", $i = 1, 2, \cdots$, 则$A = \bigcup\limits_{i=1}^{\infty} A_i$, 且诸$A_i$ 两两互斥, 所以有

$$P(A) = \sum_{i=1}^{\infty} P(A_i)$$

$$= \frac{n}{m+n+l} + \frac{l}{m+n+l} \cdot \frac{n}{m+n+l+r-1} +$$

$$\frac{l}{m+n+l} \cdot \frac{l+r-1}{m+n+l+r-1} \cdot \frac{n}{m+n+l+2(r-1)} + \cdots$$
(4.23)

同理可得

$$P(B) = \frac{m}{m+n+l} + \frac{l}{m+n+l} \cdot \frac{m}{m+n+l+r-1} +$$

$$\frac{l}{m+n+l} \cdot \frac{l+r-1}{m+n+l+r-1} \cdot \frac{m}{m+n+l+2(r-1)} + \cdots$$
(4.24)

由式(4.23) 和(4.24)可得

$$\begin{cases} P(B) = \frac{m}{n} P(A), \\ P(A) + P(B) = 1, \end{cases}$$

解此方程组可得 $P(A) = \frac{n}{m+n}$,于是

$$P(B) = \frac{m}{m+n+l} + \frac{l}{m+n+l} \cdot \frac{m}{m+n+l+r-1} +$$
$$\frac{m}{m+n+l} \cdot \frac{l+r-1}{m+n+l+r-1} \cdot$$
$$\frac{m}{m+n+l+2(r-1)} + \cdots = \frac{m}{m+n}, \quad (4.25)$$

在式(4.25)中取

$$\begin{cases} m+n = 3d, \\ r = d+1, \\ l = a_1, \end{cases}$$

则式(4.25)成为

$$\frac{1}{a_1+3d} + \frac{a_1}{a_1+3d} \cdot \frac{1}{a_1+4d} + \frac{a_1}{a_1+3d} \cdot \frac{a_1+d}{a_1+4d} \cdot$$
$$\frac{1}{a_1+5d} + \frac{a_1}{a_1+3d} \cdot \frac{a_1+d}{a_1+4d} \cdot \frac{a_1+2d}{a_1+5d} \cdot$$
$$\frac{1}{a_1+6d} + \cdots = \frac{1}{3d}.$$

注意到 $a_k = a_1 + (k+1)d, k = 1,2,\cdots$,上式可写为

$$\frac{1}{a_4} + \frac{a_1}{a_4 a_5} + \frac{a_1 a_2}{a_4 a_5 a_6} + \frac{a_1 a_2 a_3}{a_4 a_5 a_6 a_7} + \cdots = \frac{1}{3d},$$

故

$$\frac{1}{a_1 a_2 a_3 a_4} + \frac{1}{a_2 a_3 a_4 a_5} + \frac{1}{a_3 a_4 a_5 a_6} + \cdots = \frac{1}{3d a_1 a_2 a_3}.$$

例 4.27. [54] 求极限

$$\lim_{k \to \infty} \frac{6^k}{k!}.$$

141

解 设 ξ 服从 $\lambda = 6$ 的 Poisson 分布, 有 $P(\xi = k) = \frac{6^k}{k!}\mathrm{e}^{-6}$, 则 $\sum\limits_{k=0}^{\infty}\frac{6^k}{k!}\mathrm{e}^{-6} = 1$, 即 $\sum\limits_{k=0}^{\infty}\frac{6^a}{a!} = \mathrm{e}^6$, 按照级数收敛必要性可以知道: $\lim\limits_{k\to\infty}\frac{6^k}{k!} = 0$.

4.3 概率与解方程

例 4.28. [53] 解方程

$$\sqrt{x^2 - x + 15} + \sqrt{x^2 - 3x + 1} + \sqrt{197 + 4x - 2x^2} = 3\sqrt{71}.$$

解 设离散型随机变量 ξ 的分布列为

$$P\left(\xi = \sqrt{x^2 - x + 15}\right) = \frac{1}{3},$$
$$P\left(\xi = \sqrt{x^2 - 3x + 1}\right) = \frac{1}{3},$$
$$P\left(\xi = \sqrt{197 + 4x - 2x^2}\right) = \frac{1}{3}.$$

则 $E(\xi) = \sqrt{71}, E(\xi^2) = 71$. 注意这里 $[E(\xi)]^2 = E(\xi^2)$, 故

$$\sqrt{x^2 - x + 15} = \sqrt{x^2 - 3x + 1} = \sqrt{197 + 4x - 2x^2},$$

解得 $x = -7$.

例 4.29. [53] 解方程组

$$\begin{cases} x + y + z = 1, \\ \sqrt{4x + 1} + \sqrt{4y + 1} + \sqrt{4z + 1} = \sqrt{21}. \end{cases}$$

解 构造离散型随机变量 ξ 的分布列为

$$P\left(\xi = \sqrt{4x + 1}\right) = \frac{1}{3},$$

$$P\left(\xi = \sqrt{4y+1}\right) = \frac{1}{3},$$
$$P\left(\xi = \sqrt{4z+1}\right) = \frac{1}{3},$$

则$E(\xi) = \frac{\sqrt{21}}{3}, E(\xi^2) = \frac{7}{3}$. 注意这里$[E(\xi)]^2 = E(\xi^2)$,
故

$$\sqrt{4x+1} = \sqrt{4y+1} = \sqrt{4z+1},$$

解得$x = y = z = \frac{1}{3}$.

第5章 概率与积分

5.1 概率与积分不等式

利用(1.8), (1.9)两式及概率的一些基本性质可以简洁地证明一些常见的积分不等式.

例 5.1. 若$f(x)$ 在$[0,1]$ 上连续, 且$f(x) > 0$, 证明

$$\int_0^1 f(x)\,\mathrm{d}\,x \cdot \int_0^1 \frac{1}{f(x)}\,\mathrm{d}\,x \geq 1 \qquad (5.1)$$

(1988年北京信息学院数学竞赛试题)

证明 设ξ 在区间$[0,1]$ 上服从均匀分布, $\eta = f(\xi)$, $g(x) = \frac{1}{x}$ 在$(0,+\infty)$ 上是凹的, 则由式(1.9)有

$$g[E(\eta)] = g\{E[f(\xi)]\} = \frac{1}{\int_0^1 f(x)\,\mathrm{d}\,x}$$

$$\leq E[g(\eta)] = E\left(\frac{1}{\eta}\right) = \int_0^1 \frac{1}{f(x)}\,\mathrm{d}\,x.$$

例 5.2. 设$f(x), g(x)$ 是区间$[a,b]$ 上的正值可积函数, 且$\int_a^b f(x)\,\mathrm{d}\,x = 1$, 则有

$$\int_a^b f(x)\ln g(x)\,\mathrm{d}\,x \leq \ln \int_a^b f(x)g(x)\,\mathrm{d}\,x. \qquad (5.2)$$

144

证明　设 ξ 的密度为

$$p(x) = \begin{cases} f(x), & \text{当 } a \le x \le b, \\ 0, & \text{其他}, \end{cases}$$

$\eta = g(\xi), \varphi(x) = \ln x$ 在 $(0, +\infty)$ 上是凹的，则

$$\varphi[E(\eta)] = \ln E[g(\xi)] = \ln \int_a^b f(x)g(x)\,\mathrm{d}x$$

$$\ge E[\varphi(\eta)] = E[\ln g(\xi)] = \int_a^b f(x)\ln g(x)\,\mathrm{d}x.$$

例 5.3.　设 f 在区间 $[0,1]$ 上连续，且 $0 \le f(x) \le 1$，则

$$\int_0^1 \frac{f(x)}{1-f(x)}\,\mathrm{d}x \ge \frac{\int_0^1 f(x)\,\mathrm{d}x}{1-\int_0^1 f(x)\,\mathrm{d}x}. \tag{5.3}$$

证明　设 ξ 在 $[0,1]$ 上服从均匀分布，$\eta = f(\xi), g(x) = \frac{x}{1-x}$ 在 $(0,1)$ 上是凸的，则

$$g\{[E(\eta)]\} = \frac{E(\eta)}{1-E(\eta)} = \frac{\int_0^1 f(x)\,\mathrm{d}x}{1-\int_0^1 f(x)\,\mathrm{d}x}$$

$$\le E[g(\eta)] = \int_0^1 \frac{f(x)}{1-f(x)}\,\mathrm{d}x.$$

例 5.4.　设 f, g 是区间 $[0,1]$ 上的正值可积函数，则

$$\int_a^b f(x)g(x)\,\mathrm{d}x \ge \frac{1}{b-a}\left(\int_a^b \sqrt{f(x)g(x)}\,\mathrm{d}x\right)^2. \tag{5.4}$$

(见文 [10] 第 76 题 (1))

145

证明 设 ξ 在 $[a, b]$ 上服从均匀分布, $\eta = f(\xi)g(\xi)$, $\varphi(x) = \sqrt{x}$ 在 $(0, +\infty)$ 上是凸的, 则

$$\varphi[E(\eta)] = \sqrt{\frac{1}{b-a} \int_a^b f(x)g(x) \, \mathrm{d}x}$$

$$\geq E[\varphi(\eta)] = \frac{1}{b-a} \int_a^b \sqrt{f(x)g(x)} \, \mathrm{d}x,$$

由此即得证.

例 5.5. [41] 设 $f(x)$ 在 $x > 0$ 时为非负连续函数, 且 $\int_{-\infty}^{+\infty} f(x) \, \mathrm{d}x = 1$, 若定义 g 为

$$g(t) = \int_{-\infty}^{+\infty} f(x) \cos tx \, \mathrm{d}x, \quad t \text{为实数}.$$

则

$$g(2t) > 2[g(t)]^2 - 1, \quad t \neq 0. \tag{5.5}$$

证明 设 ξ 的密度函数为 $f(x)$, 注意 x^2 在 $(0, +\infty)$ 上是凸的, 有

$$g(2t) = \int_{-\infty}^{+\infty} f(x)(2\cos^2 tx - 1) \, \mathrm{d}x$$

$$= 2 \int_{-\infty}^{+\infty} f(x) \cos^2 tx \, \mathrm{d}x -$$

$$\int_{-\infty}^{+\infty} f(x)tx = 2E(\cos^2 t\xi) - 1$$

$$\geq 2E(\cos t\xi)^2 - 1 = 2[g(t)]^2 - 1.$$

例 5.6. 若 f 在 $[x_1, x_2]$ 上可积, 且 $f > 0$, 则

$$\frac{x_2 - x_1}{\int_{x_1}^{x_2} \frac{\mathrm{d}x}{f(x)}} \leq \exp\left\{ \frac{1}{x_2 - x_1} \int_{x_1}^{x_2} \ln f(x) \, \mathrm{d}x \right\}$$

$$\leq \frac{1}{x_2 - x_1} \int_{x_1}^{x_2} f(x)\,\mathrm{d}x. \qquad (5.6)$$

证明 设ξ 在$[x_1, x_2]$ 上服从均匀分布, $\eta_1 = f(\xi), \eta_2 = \frac{1}{f(\xi)}$, 因$\varphi(x) = \ln x$ 在$(0, +\infty)$ 上是凸的, 则

$$\varphi[E(\eta_1)] = \ln[E(\eta_1)] = \ln\left(\frac{1}{x_2 - x_1}\int_{x_1}^{x_2} f(x)\,\mathrm{d}x\right)$$
$$\geq E[\varphi(\eta_1)] = \frac{1}{x_2 - x_1}\int_{x_1}^{x_2} \ln f(x)\,\mathrm{d}x,$$

$$\varphi[E(\eta_2)] = \ln[E(\eta_2)] = \ln\left(\frac{1}{x_2 - x_1}\int_{x_1}^{x_2} f^{-1}(x)\,\mathrm{d}x\right)$$
$$\geq E[\varphi(\eta_2)] = \frac{1}{x_2 - x_1}\int_{x_1}^{x_2} \ln[f(x)]^{-1}\,\mathrm{d}x.$$

稍加整理便可由以上两式证得此例.

例 5.7. 证明: 对$a > 0$, 有

$$\frac{\sqrt{2\pi\left(1 - \mathrm{e}^{\frac{a^2}{2}}\right)}}{2} \leq \int_0^a \mathrm{e}^{-\frac{x^2}{2}}\,\mathrm{d}x \leq \frac{\sqrt{2\pi\left(1 - \mathrm{e}^{\frac{2a^2}{\pi}}\right)}}{2}.$$
$$(5.7)$$

证明 设二维随机变量 (ξ, η)的联合密度函数为$\frac{1}{2\pi}\mathrm{e}^{-\frac{1}{2}\left(x^2 + y^2\right)}$, 令

$$D = \{(x,y) : 0 \leq x \leq a, 0 \leq y \leq a\},$$

$$D_1 = \{(x,y) : x \geq 0, y \geq 0, x^2 + y^2 \leq a^2\},$$

$$D_2 = \left\{(x,y) : x \geq 0, y \geq 0, x^2 + y^2 \leq \frac{4a^2}{\pi}\right\},$$

147

则

$$P((\xi,\eta) \in D) = \frac{1}{2\pi} \int_0^a \int_0^a \mathrm{e}^{-\frac{1}{2}\left(x^2+y^2\right)} \,\mathrm{d}x\,\mathrm{d}y$$
$$= \frac{1}{2\pi} \left(\int_0^a \mathrm{e}^{-\frac{x^2}{2}} \,\mathrm{d}x \right)^2,$$

$$P((\xi,\eta) \in D_1) = \frac{1}{2\pi} \int_0^a \int_0^a \mathrm{e}^{-\frac{1}{2}\left(x^2+y^2\right)} \,\mathrm{d}x\,\mathrm{d}y$$
$$= \frac{1}{4} \left(1 - \mathrm{e}^{-\frac{a^2}{2}} \right),$$

$$P((\xi,\eta) \in D_2) = \frac{1}{2\pi} \int_0^a \int_0^a \mathrm{e}^{-\frac{1}{2}\left(x^2+y^2\right)} \,\mathrm{d}x\,\mathrm{d}y$$
$$= \frac{1}{4} \left(1 - \mathrm{e}^{-\frac{2a^2}{\pi}} \right).$$

我们有

$$P((\xi,\eta) \in D_1) \le P((\xi,\eta) \in D) \le P((\xi,\eta) \in D_2).$$

第一个不等式是因 $D_1 \subset D$, 而第二个不等式是因 D 和 D_2 的面积相等,且当 $(x,y) \in D - D_2$ 时, $\mathrm{e}^{-\frac{1}{2}\left(x^2+y^2\right)} \le \mathrm{e}^{-\frac{2a^2}{\pi}}$, 当 $(x,y) \in D_2 - D$ 时, $\mathrm{e}^{-\frac{1}{2}\left(x^2+y^2\right)} \ge \mathrm{e}^{-\frac{2a^2}{\pi}}$.

例 5.8. [70] $f(x)$ 为 $[a,b], a > 0$ 上的连续函数,则

$$\left[\int_a^b f(x)\,\mathrm{d}x \right]^3 \le (b-a)^2 \int_a^b f^3(x)\,\mathrm{d}x. \quad (5.8)$$

证明 令随机变量 ξ 服从 $[a,b]$ 上的均匀分布, $\eta = f(\xi)$, 则 $E(\eta) = \int_a^b \frac{f(x)}{b-a}\,\mathrm{d}x$. 又 $g(x) = x^3$ 是凸函

数, 根据概率的Jensen 不等式可得

$$\left[\int_a^b \frac{f(x)}{b-a}\,\mathrm{d}\,x\right]^3 \le \int_a^b \frac{f^3(x)}{b-a}\,\mathrm{d}\,x,$$

从而可知结论成立.

例 5.9. [43] 设$f(x)$ 在$[a, b]$ 上有二阶导数, 且$f''(x) \le 0$. 证明

$$\int_a^b f(x)\,\mathrm{d}\,x \le (b-a)f\left(\frac{a+b}{2}\right). \qquad (5.9)$$

证明　设随机变量ξ服从$[a, b]$ 上的均匀分布, 即其分布密度为

$$\varphi(x) = \begin{cases} \frac{1}{b-a}, & \text{当 } a \le x \le b, \\ 0, & \text{其他.} \end{cases}$$

易知$E(\xi) = \frac{a+b}{2}$. 因为$f''(x) \le 0$, 所以$f(x)$ 为凹函数, 故由Jensen 不等式(1.9) 有

$$\int_{-\infty}^{+\infty} f(x)\varphi(x)\,\mathrm{d}\,x = \int_a^b \frac{1}{b-a}f(x)\,\mathrm{d}\,x \le f\left(\frac{a+b}{2}\right),$$

由此得证.

例 5.10. [43] 证明: 当$x > 0$ 时, 有

$$\frac{1}{\sqrt{2\pi}}\int_x^{+\infty} \mathrm{e}^{-\frac{t^2}{2}}\,\mathrm{d}\,t \le \frac{1}{1+x^2}. \qquad (5.10)$$

证明　设ξ 服从标准正态分布$N(0, 1)$. 即其分布密度为$\varphi(x) = \frac{1}{\sqrt{2\pi}}\mathrm{e}^{-\frac{x^2}{2}}, -\infty < x < +\infty, E(\xi) = 0, D(\xi) = 1$. 因为$0 = E(\xi) = \frac{1}{\sqrt{2\pi}}\int_{-\infty}^{+\infty} t\mathrm{e}^{-\frac{t^2}{2}}\,\mathrm{d}\,t$, 所

149

以

$$-x = \frac{1}{\sqrt{2\pi}} \int_{-\infty}^{x} (t - x) \mathrm{e}^{-\frac{t^2}{2}} \,\mathrm{d}\, t$$

$$\geq \frac{1}{\sqrt{2\pi}} \int_{-\infty}^{+\infty} (t - x) \mathrm{e}^{-\frac{t^2}{2}} \,\mathrm{d}\, t,$$

从而

$$x \leq \frac{1}{\sqrt{2\pi}} \int_{-\infty}^{+\infty} (x - t) \mathrm{e}^{-\frac{t^2}{2}} \,\mathrm{d}\, t$$

$$= \frac{1}{\sqrt{2\pi}} \int_{-\infty}^{x} (x - t) u(x - t) \mathrm{e}^{-\frac{t^2}{2}} \,\mathrm{d}\, t. \qquad (5.11)$$

其中 $u(x - t)$ 为阶跃函数, 即

$$u(x - t) = \begin{cases} 1, & t \leq x, \\ 0, & t > x. \end{cases}$$

因 $x > 0$, 将式 (5.11) 两边平方得

$$x^2 \leq \left[\frac{1}{\sqrt{2\pi}} \int_{-\infty}^{x} (x - t) u(x - t) \mathrm{e}^{-\frac{t^2}{2}} \,\mathrm{d}\, t \right]^2$$

$$= \{ E[(x - \xi) u(x - \xi)] \}^2.$$

由 Cauchy 不等式, 有

$$x^2 \leq \{ E[(x - \xi) u(x - \xi)] \}^2$$

$$= E(x^2 - 2\xi x + \xi^2) \cdot \frac{1}{\sqrt{2\pi}} \int_{-\infty}^{x} [u(x - t)]^2 \mathrm{e}^{-\frac{t^2}{2}} \,\mathrm{d}\, t$$

$$= [x^2 - 2x E(\xi) + E(\xi^2)] \cdot \frac{1}{\sqrt{2\pi}} \int_{-\infty}^{x} \mathrm{e}^{-\frac{t^2}{2}} \,\mathrm{d}\, t.$$

因为 $E(\xi^2) = D(\xi) + [E(\xi)]^2 = 1$, 所以

$$x^2 \leq \frac{1}{\sqrt{2\pi}} \int_{-\infty}^{x} \mathrm{e}^{-\frac{t^2}{2}} \,\mathrm{d}\, t \cdot (1 + x^2),$$

故

$$\frac{1}{\sqrt{2\pi}} \int_{-\infty}^{x} \mathrm{e}^{-\frac{t^2}{2}} \,\mathrm{d}\, t \geq \frac{x^2}{1 + x^2},$$

从而

$$\frac{1}{\sqrt{2\pi}} \int_{x}^{+\infty} \mathrm{e}^{-\frac{t^2}{2}} \,\mathrm{d}\, t = 1 - \frac{1}{\sqrt{2\pi}} \int_{-\infty}^{x} \mathrm{e}^{-\frac{t^2}{2}} \,\mathrm{d}\, t$$

$$\leq 1 - \frac{x^2}{1 + x^2} = \frac{1}{1 + x^2},$$

式(5.10)得证.

例 5.11. [70] 证明

$$\int_{0}^{2(m+1)} \frac{x^m}{m!} \mathrm{e}^{-x} \,\mathrm{d}\, x \geq \frac{m}{m+1}. \tag{5.12}$$

证明 设 ξ 的分布密度为

$$f(x) = \begin{cases} \frac{x^m}{m!} x^m \mathrm{e}^{-x}, & x > 0; \\ 0, & x \leq 0. \end{cases}$$

不难算得 $E(\xi) = m+1, D(\xi) = m+1$, 由Chebyshev不等式, 有

$$P(\mid \xi - E(\xi) \mid \geq m+1) \leq \frac{m+1}{(m+1)^2} = \frac{1}{m+1}$$

$$\Leftrightarrow P(\mid \xi - E(\xi) \mid < m+1) \geq 1 - \frac{1}{m+1} = \frac{m}{m+1}$$

$$\Leftrightarrow P(0 < \xi < 2(m+1)) \geq \frac{m}{m+1},$$

即

$$\int_0^{2(m+1)} \frac{x^m}{m!} \mathrm{e}^{-x} \,\mathrm{d}\, x \geq \frac{m}{m+1}.$$

例 5.12. [70] 求极限

$$\lim_{n \to \infty} \mathrm{e}^{-nt} \sum_{k=0}^{n-1} \frac{(nt)^k}{k!}, \, t > 0.$$

解 令

$$a_n(t) = \mathrm{e}^{-nt} \sum_{k=0}^{n-1} \frac{(nt)^k}{k!},$$

考虑 n 个相互独立的服从Poisson分布的随机变量 $\xi_i \sim P(t), 1 \leq i \leq n$, 令 $\eta_n = \sum_{i=1}^n \xi_i$, 则 $\eta_n \sim P(nt)$ 且 $P(\eta_n < n) = \mathrm{e}^{-nt} \sum_{k=0}^{n-1} \frac{(nt)^k}{k!}$. 由中心极限定理可知

$$P\left(\frac{\eta_n - nt}{\sqrt{nt}} < x\right)$$
$$\to \frac{1}{\sqrt{2\pi}} \int_{-\infty}^x \mathrm{e}^{-\frac{y^2}{2}} \,\mathrm{d}\, y, n \to \infty, \forall x \in \mathbb{R}. \qquad (5.13)$$

从而

$$a_n(t) = P(\eta_n < n) = P\left(\frac{\eta_n - nt}{\sqrt{nt}} < \frac{n(1-t)}{\sqrt{nt}}\right). \tag{5.14}$$

当 $t = 1$ 时, 式(5.14)变为

$$P(\eta_n < n) = P\left(\frac{\eta_n - nt}{\sqrt{nt}} < 0\right)$$
$$\to \frac{1}{\sqrt{2\pi}} \int_{-\infty}^0 \mathrm{e}^{-\frac{y^2}{2}} \,\mathrm{d}\, y = \frac{1}{2}, n \to \infty.$$

故
$$\lim_{n\to\infty} a_n(t) = \frac{1}{2}.$$

当$t > 1$ 时, $\lim\limits_{n\to\infty} a_n(t) = 0$, 因为$\forall\varepsilon > 0$, $\exists N$ 使得$\frac{1}{\sqrt{2\pi}} \int_{-\infty}^{0} \mathrm{e}^{-\frac{y^2}{2}} \,\mathrm{d}y < \varepsilon$ 成立, $t > 1$ 时, 式(5.14)变为$P(\eta_n < n) = P\left(\frac{\eta_n - nt}{\sqrt{nt}} < \frac{n|1-t|}{\sqrt{nt}}\right)$, 对以上的$\varepsilon, N$, $\exists N_1$, 当$n \geq N_1$ 时, 有$\frac{n|1-t|}{\sqrt{nt}} < -N$, 从而

$$P\left(\frac{\eta_n - nt}{\sqrt{nt}} < \frac{n\,|\,1-t\,|}{\sqrt{nt}}\right)$$
$$\leq P\left(\frac{\eta_n - nt}{\sqrt{nt}} < -N\right) < 2\varepsilon,$$

由ε 的任意性可知结论成立.

当$0 < t < 1$ 时, $\lim\limits_{n\to\infty} a_n(t) = 1$, 因为$\forall\varepsilon > 0$, $\exists N$ 使得$\frac{1}{2\sqrt{\pi}} \int_{-\infty}^{N} \mathrm{e}^{-\frac{y^2}{2}} \,\mathrm{d}y > 1 - \varepsilon$ 成立, 当$t > 1$ 时, 有

$$1 \geq P\left(\frac{\eta_n - nt}{\sqrt{nt}} < \frac{n\,|\,1-t\,|}{\sqrt{nt}}\right)$$
$$\geq P\left(\frac{\eta_n - nt}{\sqrt{nt}} < N\right) \geq 1 - 2\varepsilon,$$

从而结论也成立.

5.2 几个二元均值不等式

宋立新[21]利用概率方法证明了联系两个相异的正数a, b 的几何平均$\sqrt{ab}$ 与算术平均$\frac{a+b}{2}$ 的不等式链

$$\sqrt{ab} \leq L(a,b) \leq \left(\frac{\sqrt{a} + \sqrt{b}}{2}\right)^2 \leq E(a,b) \leq \frac{a+b}{2},$$
$$(5.15)$$

153

其中对数平均$L(a,b) = \frac{b-a}{\ln b - \ln a}$ 和指数平均$E(a,b) =$
$\frac{1}{e} \cdot \left(\frac{b^b}{a^a} \right)^{\frac{1}{b-a}}$.

证明 以下不妨设$b > a$, 设ξ 服从区间$[a,b]$ 上的均匀分布, 取$g(x) = \frac{1}{x}, f(x) = x^2$, 注意$f(x)$ 为凸函数, 有

$$f\{E[g(\xi)]\} \leq E\{f[g(\xi)]\}$$

$$\Leftrightarrow \left(\int_a^b \frac{1}{x} \cdot \frac{1}{b-a} \, dx \right)^2 \leq \int_a^b \left(\frac{1}{x} \right)^2 \cdot \frac{1}{b-a} \, dx$$

$$\Leftrightarrow \left(\frac{\ln b - \ln a}{b-a} \right)^2 \leq \frac{\frac{1}{a} - \frac{1}{b}}{b-a} = \frac{1}{ab}$$

$$\Rightarrow \sqrt{ab} \leq L(a,b).$$

设ξ 服从$[\sqrt{a}, \sqrt{b}]$ 上的均匀分布, 注意$h(x) = \frac{1}{x}$ 为凸函数, 有

$$f\{E[h(\xi)]\} \leq E\{f[h(\xi)]\}$$

$$\Leftrightarrow \left(\int_{\sqrt{a}}^{\sqrt{b}} x \cdot \frac{1}{\sqrt{b} - \sqrt{a}} \, dx \right)^{-1} \leq \int_{\sqrt{a}}^{\sqrt{b}} \frac{1}{x} \cdot \frac{1}{\sqrt{b} - \sqrt{a}} \, dx.$$

整理得

$$\frac{\sqrt{b} - \sqrt{a}}{2} \cdot \frac{\ln \sqrt{a} - \ln \sqrt{b}}{\sqrt{b} - \sqrt{a}} \geq 1,$$

故

$$\left(\frac{\sqrt{b} - \sqrt{a}}{2} \right)^2 \geq \frac{b-a}{\ln b - \ln a}.$$

由于

$$E(a,b) = \frac{1}{e} \cdot \left(\frac{b^b}{a^a} \right)^{\frac{1}{b-a}} = \frac{1}{e} \cdot \left(\frac{b^{\frac{b}{b-a}}}{a^{\frac{a}{b-a}}} \right)$$

154

$$= e^{\frac{1}{b-a}(b\ln b - a\ln a - b + a)}.$$

设 ξ 在 $[a,b]$ 上服从均匀分布, 并 $g(x) = x^{-\frac{1}{2}}$, 因 $f(x) = \ln x$, $f(x)$ 是凹函数, 有

$$f\{E[g(\xi)]\} \le E\{f[g(\xi)]\}$$

$$\Leftrightarrow \ln \left(\int_a^b x^{-\frac{1}{2}} \cdot \frac{1}{b-a} \, \mathrm{d}\,x \right)^2 \ge \int_a^b \ln \left(x^{-\frac{1}{2}} \right) \cdot \frac{1}{b-a} \, \mathrm{d}\,x$$

$$\Leftrightarrow \ln \left(\frac{2(\sqrt{b} - \sqrt{a})}{b-a} \right)$$

$$\ge -\frac{1}{2} \frac{1}{b-a} (b\ln b - a\ln a - b + a)$$

$$\Leftrightarrow \exp \left\{ -2\ln \frac{2}{\sqrt{a} + \sqrt{b}} \right\}$$

$$\le \exp \left\{ -\frac{1}{2} \frac{1}{b-a} (b\ln b - a\ln a - b + a) \right\},$$

故

$$\left(\frac{\sqrt{a} + \sqrt{b}}{2} \right)^2 \le E(a,b).$$

设 ξ 在 $[a,b]$ 上服从均匀分布, $f(x) = \ln x$, 因 $f(x)$ 是凹函数, 有

$$f[E(\xi)] \ge E[f(\xi)]$$

$$\Leftrightarrow \ln \left(\int_a^b x \cdot \frac{1}{b-a} \, \mathrm{d}\,x \right) \ge \int_a^b \ln x \cdot \frac{1}{b-a} \, \mathrm{d}\,x$$

$$\Leftrightarrow \ln \frac{a+b}{2} \ge \frac{1}{b-a} (b\ln b - a\ln a - b + a),$$

故

$$\frac{a+b}{2} \ge E(a,b).$$

155

5.3 概率与积分计算

例 5.13. [49] 计算

$$(a) \int_0^4 e^{-\frac{x^2}{2}} \, dx; \qquad (b) \int_0^4 e^{-x^2} \, dx.$$

解 若 $\xi \sim N(0,1)$, 则 ξ 的分布函数为

$$\Phi(x) = \int_{-\infty}^x \frac{1}{\sqrt{2\pi}} e^{-\frac{t^2}{2}} \, dt, \; x \in \mathbb{R}.$$

(a)

$$\int_0^4 e^{-\frac{x^2}{2}} \, dx = \sqrt{2\pi} \int_0^4 \frac{1}{\sqrt{2\pi}} e^{-\frac{x^2}{2}} \, dx = \Phi(4) - \Phi(0) = \frac{1}{2}.$$

(b) 令 $x^2 = \frac{t^2}{2}$, 有

$$\begin{aligned} \int_0^4 e^{-x^2} \, dx &= \frac{1}{\sqrt{2}} \int_0^{4\sqrt{2}} e^{-\frac{t^2}{2}} \, dt \\ &= \frac{\sqrt{2\pi}}{2} \int_0^{4\sqrt{2}} \frac{1}{\sqrt{2\pi}} e^{-\frac{t^2}{2}} \, dt \\ &= \sqrt{\frac{\pi}{2}} \cdot [\Phi(4\sqrt{2}) - \Phi(0)] = \frac{\sqrt{2\pi}}{4}. \end{aligned}$$

注记 5.1. 本题直接用高等数学的方法很难得到结果, 而用标准正态分布函数的性质 $\Phi(x) \approx 1, x \geq 3.9, \Phi(0) = 0.5$, 可以简化计算.

例 5.14. [45] 计算无穷限定积分

$$\int_{-\infty}^{+\infty} (x^2 + x + 5) e^{-(x^2 + 2x - 1)} \, dx. \qquad (5.16)$$

解 设随机变量 $\xi \sim N(-1, \frac{1}{2})$, 其概率密度函数

为

$$f(x) = \frac{1}{\sqrt{2\pi x}\sqrt{\frac{1}{2}}}\mathrm{e}^{-\frac{(x+1)^2}{2\times 1/2}} = \frac{1}{\sqrt{\pi}}\mathrm{e}^{-(x+1)^2}.$$

由正态分布的性质得其数学期望为$E(\xi) = -1$, 方差为$D(\xi) = \frac{1}{2}$, 从而$E(\xi^2) = D(\xi) + [E(\xi)]^2 = \frac{3}{2}$. 所以

$$\int_{-\infty}^{+\infty} (x^2 + x + 5)\mathrm{e}^{-(x^2+2x-1)}\,\mathrm{d}\,x$$
$$=\mathrm{e}^2\sqrt{\pi}\int_{-\infty}^{+\infty} (x^2 + x + 5)\frac{1}{\sqrt{\pi}}\mathrm{e}^{-(x+1)^2}\,\mathrm{d}\,x$$
$$=\mathrm{e}^2\sqrt{\pi}E(\xi^2 + \xi + 5)$$
$$=\mathrm{e}^2\sqrt{\pi}[E(\xi^2) + E(\xi) + 5] = \frac{11}{2}\mathrm{e}^2\sqrt{\pi}.$$

例 5.15. [54] 求积分

$$\int_{-\infty}^{+\infty} (4x^2 + 5x + 6)b^{-(x^2+2x+3)}\,\mathrm{d}\,x. \qquad (5.17)$$

解 由于原被积函数里面含有因式$b^{-(x^2+2x+3)}$, 先将该因式进行配方整理, 这样就可以得到$b^{-2}b^{-(x+1)^2}$, 正好是正态分布$\xi \sim N(-1, \frac{1}{2})$ 的概率密度函数其中的一部分, 因此

$$\int_{-\infty}^{+\infty} (4x^2 + 5x + 6)b^{-(x^2+2x+3)}\,\mathrm{d}\,x$$
$$=b^{-2}\sqrt{2\pi}\sqrt{\frac{1}{2}}\int_{-\infty}^{+\infty} (4x^2 + 5x + 6)\frac{1}{\sqrt{2\pi}\sqrt{\frac{1}{2}}}b^{\frac{(x+1)^2}{2\times\frac{1}{2}}}\,\mathrm{d}\,x$$
$$=\frac{\sqrt{\pi}}{b^2}E(4\xi^2 + 5\xi + 6) = \frac{\sqrt{\pi}}{b^2}[4E(\xi^2) + 5E(\xi) + 6]$$
$$=\frac{\sqrt{\pi}}{b^2}\left\{4\left[(-1)^2 + \left(\sqrt{\frac{1}{2}}\right)^2\right] + 5(-1) + 6\right\} = \frac{7\sqrt{\pi}}{b^2},$$

157

因此, 原积分$= \frac{7\sqrt{\pi}}{b^2}$.

例 5.16. [54] 求积分

$$\int_0^{+\infty} (4x^2 + 5x + 6)b^{-2x}\, \mathrm{d}x. \qquad (5.18)$$

解 由于被积函数里存在因子b^{-2x}, 符合$\lambda = 2$的指数分布$\xi \sim P(2)$, 且数学期望是$\frac{1}{2}$, 方差是$\frac{1}{4}$. 因此

$$\int_0^{+\infty} (4x^2 + 5x + 6)b^{-2x}\, \mathrm{d}x$$
$$= \frac{1}{2} \int_0^{+\infty} (4x^2 + 5x + 6)2b^{-2x}\, \mathrm{d}x$$
$$= \frac{1}{2}E(4\xi^2 + 5\xi + 6) = 2E(\xi^2) + \frac{5}{2}E(\xi) + 3$$
$$= 2 \times \frac{2}{2^2} + \frac{5}{2} \times \frac{1}{2} + 3 = \frac{21}{4}.$$

第6章　我的几篇概率教学论文

6.1　一道典型概率例题的教学实录

此文见文献[72].

目前, 在各类大专院校中, 概率统计这门研究随机现象的课程已成为越来越多的专业的必修课. 这门课应用性很强, 有着许多非常直观, 贴近生活的典型实例, 这为讲好, 讲活这门课提供了很好的条件. 这些年, 在这门课的教学中, 我注重对这些典型实例重点讲解, 不惜浓墨重彩, 以充分发挥这些实例的典型示范功能. 下面是一道典型概率例题的教学实录.

例题　某班有40人, 问至少有两个人的生日在同一天的概率有多大?

这是一道众多教材在讲述古典概型的概率计算时都选用的典型例题.

老师: 在计算之前, 请同学们估计一下这个事件的概率有多大?

(学生们七嘴八舌, 有的说1%,有的说5%, 大胆一点的, 有的说30%. 总之, 都倾向于认为概率很小.)

老师: 那么这个概率究竟有多大? 我们学习了古典概型的概率计算公式, 就可以来解决这个问题:

我们假定一年有365天, 并假定每个人在一年中任一天出生的可能性是一样的, 这样就构成一个古典概率模型, 其样本空间所含的样本点共有365^{40}个. 设$A = \{$至少有两个人的生日在同一天$\}$. 在计算概率时, 有两个常用的方法要注意掌握, 一是分解的方法, 即将一个复杂事件分解成若干个简单事件的并, 然后利用概率的可加性计算; 二是转化的方法, 有时一个事件本身结构复杂, 但其对立事件却相对简单, 可利用公式$P(A) = 1 - P(\overline{A})$, 将对$P(A)$的计算转化为$P(\overline{A})$的计算. 此例若将$A$分解为$\bigcup\limits_{i=1}^{40} A_i = \{$恰有$i$个人的生日在同一天$\}$, 由于诸$P(A_i)$的计算并非简单, 故此法不可取, 但$\overline{A} = \{40$人的生日均不相同$\}$, 其结构单纯, 因此采用转化的方法计算$P(A)$为上策. 事实上

$$P(\overline{A}) = \frac{\mathrm{P}_{365}^{40}}{365^{40}} = 0.11,$$

从而$P(A) = 1 - P(\overline{A}) = 0.89$.

紧接着, 老师列出对不同的人数计算出的$P(A)$(表1):

表1

n	5	10	20	23
p	0.03	0.12	0.41	0.51

n	30	40	50	55
p	0.71	0.89	0.97	0.99

(上述结果令学生大感意外, 将信将疑).

老师: 由表1可见当每班有23人就差不多半数以上的班会发生这种事, 而当每班有50人时几乎肯定会发生这种事, 这与我们的直觉是很不相同的. 那么客观实际是不是如此呢?

160

老师将这些年对所教的班级做的一个统计结果(表2)一一道来(由于是身边的统计结果, 学生颇感兴趣).

表2

系别	专业	年级	人数	
保健	生技	94	13	1 对
		95	22	2 对
		96	23	1 对
		97	22	1 对
		98	33	2 对
	商检	96	34	2 对
		97	33	1 对
		98	28	3 人
		99	32	1 对
		00	32	2 对
经政	财会	95	25	2 对
		96	40	4 对
		97	37	2 对
		98	49	2 对
		99(1)	42	3 对
		99(2)	40	3 对
		00(1)	41	1 对
		00(1)	41	1 对
计算机	网络	00(1)	57	4 对
		00(2)	41	1 对
高职部	财会	00	42	3 对
		01	43	5 对
	营养	01	18	无
		02	40	1 对

注 "1对" 指有1 对同学生日相同, 以此类推; "3人" 指有3 个同学生日相同.

老师: 所调查的24 个班中只有一个班没有生日相同的同学, 可见理论计算的结果与客观实际是相吻合

161

的. 那么你们班是否有生日相同的同学呢? (学生们面面相觑). 老师拿出事先请科代表调查好的该班的生日表, 念出生日相同的同学的名字(学生们异常兴奋).

老师: 同学们感到此例题的计算结果出乎预料. 为什么感到意外呢? 因为一般情况下,我们往往只了解周围5, 6 个人(例如同一家庭, 同一宿舍人) 的生日, 而在这样小的范围内此事件的概率只有3 % 左右(见附表1). 因此, 当我们发现其中出现生日相同的情况常会感到惊讶, 但同时我们也会产生错觉, 以为在一般场合下, 此事件的概率也很小. 结果一叶障目, 做出错误的判断. 看来直觉有时很不可靠. 此类生日问题, 我们凭直觉做出错误判断, 尚且无关大局, 倘若在诸如灾害预报、股市行情, 军事决策等重要问题上, 凭直觉做出错误判断, 将非同小可. 由此可见, 研究随机现象的统计规律性是非常必要的. 同学们要好好学习和掌握概率统计这门重要而有趣的科学呦!

老师: 最后, 我们留两道习题. 如能做一下类似于附表2 那样的统计工作将获益良多.

习题 1. 设一个人的生日在星期几是等可能的, 求6 个人的生日集中在一星期中任意两天但不是在同一天的概率.

习题 2. 一组人, 若要求至少有两人生日在同一个月的概率大于 $\frac{1}{2}$, 这组人至少多少人?

6.2 一个简单的证明

此文见文献[73].

贵刊1987 年第二期刊登了杨俊英同志的文章

162

《选择题的合理评分标准及其概率证明》. 为了充分地考查学生掌握知识的情况, 杨认为在解答选择题时应该这样说明: "请在下列(n 个) 答案中将正确的挑选出来. "(不应在题目中给出正确答案的数目) 杨的评分标准是: 设某选择题给出了 n 个答案, 其中 m 个是正确的; 该题满分是 N 分, 则每选对一个应得 $\frac{N}{m}$ 分, 每选错一个应扣 $\frac{N}{n-m}$ 分.

为说明此标准的合理性, 杨证明了乱猜的考生所得分数的期望值为0. 其证明方法是先求出所得分数这一随机变量的概率分布, 然后利用数学期望的定义计算出期望值为0. 由于该随机变量的概率分布比较复杂, 因此证明起来比较烦琐. 本文给出一个简单的证明.

设随机变量 ξ_i 表示乱猜的考生从第 i 个答案所得到的分数, $i = 1, 2, \cdots, n$. 若第 i 个答案是正确的, 则不选得0 分, 选之得 $\frac{N}{m}$ 分, 而选与不选是等可能的. 故 ξ_i 的分布列为

$$P(\xi_i = 0) = \frac{1}{2}, \ P\left(\xi_i = \frac{N}{m}\right) = \frac{1}{2},$$

于是 ξ_i 的期望值

$$E(\xi_i) = 0 \times \frac{1}{2} + \frac{N}{m} \times \frac{1}{2} = \frac{N}{2m}.$$

若第 i 个答案是错误的, 则不选得0 分, 选之得 $-\frac{N}{n-m}$ 分, 从而可得 $E(\xi_i) = -\frac{N}{2(n-m)}$. 这样在 $\xi_1, \xi_2, \cdots, \xi_n$ 这 n 个变量中有 m 个变量的期望值是 $\frac{N}{2m}$, 而其余 $n-m$ 个变量的期望值为 $-\frac{N}{2(n-m)}$.

设随机变量η 表示该题的实际得分数, 显然$\eta = \sum\limits_{i=1}^{n} \xi_i$, 从而

$$E(\eta) = \sum_{i=1}^{n} E(\xi_i) = m \times \frac{N}{2m} - (n-m) \times \frac{N}{2(n-m)}$$
$$= \frac{N}{2} - \frac{N}{2} = 0.$$

即乱猜的考生所得分数的期望值为0.

将一个分布复杂的随机变量分解成有限个分布简单的随机变量之和, 然后利用数学期望的可加性去求分布复杂的随机变量的期望值, 这是一种常用的方法, 往往可以化繁为简, 以巧制胜.

6.3 一道概率例题的启发式教学

此文见文献[81].

孔子说:"不愤不启, 不悱不发", 这八个字的意思就是要实行启发式教育, 把学生作为教学的中心, 使学生在学习的整个过程中保持着主动性, 主动地提出问题, 主动地思考问题, 主动去发现, 主动去探索. 启发式教育的核心就是要培养学生独立思考和创新思维. 所谓教是为了不教, 就是要使学生自己掌握学习的方法, 提高创新的能力. 只有这样, 他们才可以离开教师, 才可以超过教师, 才可以成为人才.

启发式教学是现在教学改革的关键, 启发式教学能调动学生的主观能动性, 启发学生创新, 是教学中

的重要一环.

基于自己的科研体验, 这些年在教学中, 我注意研究式教学的探索. 通过典型实例对学生进行科学研究的启蒙教育. 引导学生像搞科研那样去思考每一个例题和习题, 感受科研的最基本的方法和思路. 下面是一道典型概率例题的教学实录.

题 1 某人忘记了电话号码的最后一个数字, 因而随机拨号, 求他拨号不超过3 次而接通电话的概率.

这是在讲授概率的乘法公式

$$P\left(\bigcap_{i=1}^{n} A_i\right) = P(A_1)P(A_2 \mid A_1)P(A_3 \mid A_1 A_2) \cdots \cdot$$
$$P(A_n \mid A_1 \cdots A_{n-1})$$

时多采用的一个典型而有趣的例题.

老师: 概率题千变万化. 在计算概率时, 有两个常用的方法要注意掌握, 一是分解的方法, 即将一个复杂事件分解成若干简单事件的和 $A = \bigcup_{i=1}^{n} A_i$, 然后利用概率的可加性计算; 二是转化的方法. 有时一个事件本身结构复杂, 但其对立事件却相对简单, 可利用公式 $P(A) = 1 - P(\overline{A})$, 将对 $P(A)$ 的计算转化为对 $P(\overline{A})$ 的计算. 我们首先采用分解的方法解此题.

解法 1 如何将一个复杂事件分解成若干简单事件的和呢? 通常是先将复杂事件的语意细化, 即将复杂事件的语言表述说细了, " 掰碎"了, 则分解式的框架将呈现出来. 再结合事件的关系与运算就可以具体写出分解式. 对于此例, 记 $A =$

165

{不超过3 次接通}. 将" 不超过3 次接通"这句话说细了, "掰碎" 了, 就是"第一次接通, 或第一次未接通而第二次接通, 或第一、 二次未接通而第三次接通" 若记 $A_i = \{$第i 次拨号接通$\}$, $i = 1, 2, 3$, 则 A 的分解式为

$$A = A_1 \cup \left(\overline{A}_1 A_2\right) \cup \left(\overline{A}_1 \overline{A}_2 A_3\right),$$

于是, 利用概率的可加性及乘法公式有

$$
\begin{aligned}
P(A) &= P(A_1) + P\left(\overline{A}_1 A_2\right) + P\left(\overline{A}_1 \overline{A}_2 A_3\right) \\
&= P(A_1) + P(\overline{A}_1)P(A_2) + P(\overline{A}_1)P(\overline{A}_2)P(A_3) \\
&= \frac{1}{10} + \frac{9}{10} \times \frac{1}{9} + \frac{9}{10} \times \frac{8}{9} \times \frac{1}{8} = \frac{3}{10}.
\end{aligned}
$$

下面采用转化的方法解此题.

解法 2

$$
\begin{aligned}
P(A) &= 1 - P(\overline{A}) = 1 - P\left(\overline{A}_1 \overline{A}_2 \overline{A}_3\right) \\
&= 1 - P(\overline{A}_1)P(\overline{A}_2 \mid \overline{A}_1)P[(\overline{A}_3 \mid \overline{A}_1)\overline{A}_2] \\
&= 1 - \frac{9}{10} \times \frac{8}{9} \times \frac{7}{8} = \frac{3}{10}.
\end{aligned}
$$

一般若对立事件结构简单的话, 用转化的方法解题往往计算也相应简单.

老师: 除了前面两种基本的解法外, 还有没有别的解法?

学生甲: 老师, 可不可以这样做? 因为随机拨号的方式有10 种, 而拨号不超过3 次的方式有三种, 因此根据古典概型的概率计算公式所求概率为 $\frac{3}{10}$.

166

老师: 这是一种直接的解法, 很好! 但是值得注意的是, 应用古典概型的概率计算公式, 要求试验满足有限性和等可能性的条件, 这里等可能性的条件成立并不是显然的, 需做一下交代. 完整的解法是:

解法 3 接通电话所需的可能的拨号次数有1 到10 这10 种情况, 而这10 种情况是等可能的. 事实上, 拨号 k 次而接通电话的概率为

$$\frac{10-1}{10} \times \frac{10-2}{10-1} \times \cdots \times \frac{10-k}{10} \times \frac{1}{10-k}$$
$$= \frac{1}{10}, k = 1, 2, \cdots, 10,$$

拨号不超过3 次而接通电话有1 到3 这3 种情况, 故根据古典概型的概率计算公式所求概率为 $\frac{3}{10}$.

学生乙: 老师, 若忘记了电话号码的最后两个数字呢?

老师: 这个问题问得好!大家想一想, 若忘记了电话号码的最后两个数字, 结果如何?

学生沉思. 片刻未见有人回答,

老师提示: 当忘记了最后一个数字时, 随机拨号的方式有10 种, 当忘记了最后两个数字时, 随机拨号的方式有……

学生丙抢答:$10 \times 10 = 100$ 种.

老师:好! 请你将前面的解法1 做一下调整.

学生丙上前调整如下

$$P(A) = P(A_1) + P\left(\overline{A}_1 A_2\right) + P\left(\overline{A}_1 \overline{A}_2 A_3\right)$$

167

$$= P(A_1) + P(\overline{A}_1)P(A_2) + P(\overline{A}_1)P(\overline{A}_2)P(A_3)$$
$$= \frac{1}{100} + \frac{99}{100} \times \frac{1}{99} + \frac{99}{100} \times \frac{98}{99} \times \frac{1}{98} = \frac{3}{100}.$$

老师: 很好! 当忘记了电话号码的最后三个数字呢? (马上有学生回答 $\frac{3}{1000}$). 假定电话号码是8 位数, 一般地, 当忘记了电话号码的最后 k 个数字时, 结果是……

稍停片刻, 有学生给出了一般结论

$$\frac{3}{10^k}, k = 1, 2, \cdots, 8.$$

老师: 以上我们是将条件"忘记了最后一个数字"中的"一"改为" k ", 考查了结果的变化. 还可将条件做怎样的改变?

学生丁: 改为"忘记了第一个数字".

老师: 好! 结果怎么样?

学生丁: 不变.

老师: 显然改为"忘记了任何一个数字" 结果也不变? 这说明条件的这种改变不是实质性的改变, 而将"一"改为" k "是一种实质性的改变. 以上是将条件做了改变, 是不是也可考虑不变条件而改变要求的结论呢?

学生戊: 将结论改为"拨号不超过4 次而接通电话的概率".

老师: 好! 答案是什么?

学生戊: $\frac{4}{10}$.

老师: 拨号不超过 $m(1 \le m \le 8)$ 次而接通电话的概率?

学生戊: $\frac{m}{10}$.

老师: 下面同学们能不能将题1改造一下, 写出它的一般形式?

经过一番讨论, 老师将学生的意见归纳为如下问题:

题2 设某电话号码有 n 位数字. 某人忘记了电话号码的某 $k, 1 \le k \le n$ 个数字, 因而随机拨号, 求他拨号不超过 $m, 1 \le m \le n^k$ 次而接通电话的概率.

老师: 我想同学们应该能给出正确的解答.

老师总结: 学习要勤于思考, 做题时要注意举一反三. 这道题有没有别的解法? 改变条件, 结论如何? 改变结论, 条件可以做怎样的调整? 逆命题是否成立? 否命题是否成立? 一般性的结论是什么? 等等. 经常自觉地这样去思考, 不仅对所考虑的问题本身会有深入的理解, 而且训练了自己发散思维的能力, 发散思维是一种重要的创造性思维. 创新能力就是这样一点一滴地培养起来的.

参考文献

[1] 朱建中. "摸球模型"在代数解题中的几个应用[J]. 安庆师范学院学报（自然科学版）,1999, 5 (3): 47-49.

[2] SITARU D, NĂNUȚI C. A "probabilistic" method for proving inequalities[J]. Crux Mathematicorum, 2017, 43（7）.

[3] 胡宏. 分布函数在不等式证明上的应用[J]. 中国科技信息, 2008(23): 216.

[4] 肖建平. 构造概率分布列解非概率题[J]. 中学数学研究, 2014, 10(上): 47–48.

[5] 张丽娜. 两个矩不等式的应用[J]. 河北林学院学报, 1995, 10 (4): 342–345.

[6] 石焕南. 一道全俄竞赛题的概率证法[J]. 中学数学, 1992 (11): 35.

[7] 石焕南, 杨蕾. 高中数学中的不等式的概率证明[J]. 数学通讯, 2003 (7): 11-12.

[8] 石焕南, 石敏琪. 概率方法在不等式证明中的应用[J]. 数学通报, 1992 (7): 34-37.

[9] 石焕南. 代数不等式概率证法举例[J]. 工科数学, 1996, 12 (3): 146-149.

[10] 匡继昌. 常用不等式:第二版[M]. 长沙: 湖南教育出版社, 1993.

[11] 石焕南. 也谈"改变观点的创造性技巧"[J]. 数学通报, 2000 (2): 42-43.

[12] 李永利, 孙秀亭. 两个不等式的推广[J]. 数学通讯, 2007 (9): 30-31.

[13] 石焕南. Bonferroni不等式的推广及其应用[J]. 北京联合大学学报（自然科学版）, 2000, 13 (2): 51-55.

[14] 王梓坤. 概率论基础及其应用[M] . 北京:科学出版社, 1979.

[15] 石焕南, 李康海, 石敏琪. 一类代数不等式的概率证明[J]. 北京联合大学学报(自然科学版), 2005, 18 (1):42-44.

[16] 曾庆柏. 创造性思维教学一例[J]. 数学通报, 1999 (7):15–16.

[17] 吴跃生. 培养创造性思维的一道好题[J]. 数学通报, 2001 (5):16–17.

[18] CARLITZ L. SIAN Review[J]. Philadephia, 1969(11): 402-406.

[19] 符云锦. 一个不等式的证明与应用[J]. 中国初
     等数学研究, 2012(4)：80-83.

[20] 石焕南. 一个不等式命题的概率证明[J]. 湖南理
     工学院学报(自然科学版), 2012, 25 (3):1-2, 72.

[21] 宋立新. 关于算术、对数、指数、几何平均不
     等式的概率证法[J]. 工科数学, 2000, 16 (3):
     119-121.

[22] 宋立新. 李善兰恒等式的概率证明[J]. 高等数学
     研究, 2006, 9(4):102.

[23] 阿不拉江·吾买尔. 概率方法用于不等式证明中的
     应用[J]. 文理导航, 2014 (8): 10.

[24] 赵欣庆. 构造分布列巧解无理不等式竞赛题[J].
     中学数学研究, 2005 (7): 45–46.

[25] 刘兆辉. 构造分布列巧解分式不等式竞赛题[J].
     数学教学研究, 2005 (11): 42–44.

[26] 石焕南. 概率方法在级数求和中的应用[J].. 数学
     通报, 1992 (3): 34-35,18.

[27] 程德吾. 一个条件不等式的强化[J]. 中学数学(江
     苏), 1992 (11): 36–37.

[28] 舒金根. 也谈竞赛不等式的创新证法[J]. 中学数
     学研究, 2006 (7):42–43.

[29] 石焕南, 范淑香. 两个组合恒等式的概率证
     明[J]. 山东师范大学学报（自然科学版）, 2002,
     17(1):112-14.

172

[30] BRUALDI R A. Introductory combinatorics [M]. New York : North - Holland, 1997: 1-50.

[31] 柯召, 魏万迪. 组合论:上册[M]. 北京:科学出版社, 1981: 30-57.

[32] 王俊青. 用代数方法证明一个恒等式[J]. 山东师范大学学报（自然科学版）[J]. 2001, 16 (2): 129-130.

[33] 张明善, 唐小玲. 三个组合恒等式[J]. 渝州大学学报（自然科学版）, 2002 (1): 12-13.

[34] 石焕南. 一个组合恒等式的概率证明[J]. 厦门数学通讯, 1991 (1): 2–3.

[35] 石焕南, 徐坚, 段红梅. 一类组合题的概率解法[J]. 现代中学数学, 2003(1): 27-29.

[36] 石焕南, 石敏琪.一道新编应用题的概率解法[J]. 数学通讯, 2002(15):30.

[37] 石焕南. 也谈巧算"百分比"[J]. 数理统计与管理, 1990 (3): 56.

[38] 朱秀娟, 洪再吉. 概率统计150 题:修订本[M]. 长沙: 湖南科学技术出版社, 1987: 169–170.

[39] 石焕南, 石敏琪. 一道分式不等式的概率证明及推广[J]. 中学数学, 2002 (11):47.

[40] 周概容. 概率论与数理统计[M]. 北京: 高等数学出版社, 1984 : 275-276.

[41] MITRIONOVIĆ D S, VASIĆ P M. 分析不等式[M]. 赵汉滨,译. 南宁: 广西人民出版社, 1986: 396.

[42] 波利亚 G, 舍贵 G. 数学分析中的问题与定理[M]. 张奠宙, 等,译. 上海: 上海科学技术出版社, 1981: 67.

[43] 翁连贵. 等式和不等式的概率证明[J]. 盐城工业专科学校学报，1995, 8(3):68–72.

[44] 胡学平. 概率方法在分析中的若干应用[J]. 高等数学研究, 2007, 10(1): 88–90.

[45] 黄木根. 浅谈概率论思想在定积分中的应用[J]. 中国多媒体与网络教学学报,2020 (4):212–213.

[46] 王炳炳. 用概率方法证明不等式[J]. 绍兴文理学院学报, 2011, 31(7):13–15.

[47] 徐静. 一类不等式的证明与应用[J]. 数学通报, 2009, 48 (12):46–48.

[48] 丁雪梅. 一个矩不等式在解一类条件最值问题中的应用[J]. 赤峰学院学报（自然科学版）,2011, 27 (8):3–4.

[49] 卓泽强. 概率思想在数学证明和计算中的应用[J]. 数学的实践与认识, 2007, 37(13):189–192.

[50] 王晓翊. 概率方法证明组合恒等式[J]. 佳木斯教育学院学报, 2012 (3):108,110.

[51] 余国胜. 概率论与数理统计教学方法的研究[J]. 聊城大学学报（自然科学版）, 2016, 29(1):93–96.

[52] 狄勇婧, 王冕. 巧用概率模型解决代数问题[J]. 数学学习与研究, 2017 (5): 36–37.

[53] 王涛. 概率统计知识在初等数学中的应用[J]. 长沙民政职业技术学院学报, 2009, 16(3): 115-116.

[54] 许丽利. 浅谈概率论在高等数学中的应用[J]. 兰州教育学院学报, 2013, 29(3):118–119, 122.

[55] 杨雪梅, 马俊青, 周江涛. 利用概率方法证明等式与不等式[J]. 高等数学研究, 2006, 9(3):41–42.

[56] 巩建闽. 数列 $\left\{\left(1+\frac{1}{n}\right)^n\right\}$ 极限存在的概率证明[J]. 德州师专学报, 1991 (4):1-3.

[57] 夏璇, 王全林. 概率方法在不等式证明中的应用[J]. 南昌航空工业学院学报, 1998 (3):49–54.

[58] 宋述龙. 几个重要不等式的概率证明[J]. 辽宁师范大学学报（自然科学版）, 1995, 18(4):288-291.

[59] 田春林, 吴宏章, 于吉江. 概率方法在等式与不等式证明中的应用[J]. 工科数学, 1990, 6 (1-2):147-152.

[60] 刘崇林. "詹森不等式 $f(M\xi) \le (\ge) M[f(\xi)]$" 及其应用[J]. 宁夏教育学院银川师专学报（自然科学版）, 1991 (1):6–12.

[61] 刘崇林. 一类能用概率模型解决的"分析"问题[J]. 宁夏教育学院银川师专学报（自然科学版）, 1995 (3):27–30.

[62] 刘崇林. 利用詹森不等式巧解数学竞赛题[J]. 宁夏教育学院银川师专学报（自然科学版）, 1994 (6):28–32.

[63] 王仲行. 利用向量和概率知识证不等式几例[J]. 数学教学, 1997 (3):23–24, 28.

[64] 李烁. 构造概率模型解题例析[J]. 湖南经济管理干部学院学报, 2003, 14(3):109,113.

[65] 朱秀娟, 洪再吉. 概率统计150 题:修订本[M]. 长沙: 湖南科学技术出版社, 1987: 169-170.

[66] 石焕南. 整值随机变量期望的一个表示式的应用与推广[J]. 辽宁师范大学学报（自然科学版）, 2000, 23(1):102–105.

[67] 高鹰. 概率方法在某些数学不等式证明中的应用[J]. 数学学习与研究（教研版）, 2007 (12):37–38.

[68] 汤茂林. 一个概率不等式的应用[J]. 凯里学院学报, 2012, 30(3):160–161.

[69] 李慧琼, 陈振龙. 不等式证明中的概率方法研究[J]. 长江大学学报（自然科学版）, 2008, 5(1):156–159.

[70] 胡学平. 概率方法在分析中的若干应用[J]. 高等数学研究, 2007, 10(1):88–90.

[71] 张丽娜. 两个矩不等式的应用[J]. 河北林学院学报, 1995, 10(4):342–345.

[72] 石焕南, 石敏琪. 一道典型概率例题的教学实录[J]. 高等数学研究, 2005, 8(3):27-28.

[73] 石焕南. 一个简单的证明[J]. 数学通报, 1991 (4): 40.

[74] 刘培杰, 张永芹. 组合问题[M]. 上海: 上海科技教育出版社, 2009.

[75] 刘培杰数学工作室. 排列和组合[M]. 哈尔滨: 哈尔滨工业大学出版社, 2014.

[76] 刘心华. 构建概率模型证明等式[J]. 池州师专学报, 2002, 16(3):4–5.

[77] 盛光进. 初探概率论方法在其他数学分支的应用[J]. 株洲工学院学报, 2002, 16(6):27–28,65.

[78] 刘维先, 孙莹. 建立概率模型解代数问题[J]. 南阳师范学院学报（自然科学版）, 2003, 2(3):114–116.

[79] 孙胜利. 概率的思想方法及应用[J]. 北京工业职业技术学院学报, 2005, 4(4):73–75.

[80] 何正民. 用概率思想研究等式与不等式问题[J]. 数学学习与研究, 2016, 19: 93–94.

[81] 石焕南. 启发式概率教学两例[J]. 数学教学, 2022 (8)：29-32.

刘培杰数学工作室
已出版(即将出版)图书目录——初等数学

书　名	出版时间	定价	编号
新编中学数学解题方法全书(高中版)上卷(第2版)	2018-08	58.00	951
新编中学数学解题方法全书(高中版)中卷(第2版)	2018-08	68.00	952
新编中学数学解题方法全书(高中版)下卷(一)(第2版)	2018-08	58.00	953
新编中学数学解题方法全书(高中版)下卷(二)(第2版)	2018-08	58.00	954
新编中学数学解题方法全书(高中版)下卷(三)(第2版)	2018-08	68.00	955
新编中学数学解题方法全书(初中版)上卷	2008-01	28.00	29
新编中学数学解题方法全书(初中版)中卷	2010-07	38.00	75
新编中学数学解题方法全书(高考复习卷)	2010-01	48.00	67
新编中学数学解题方法全书(高考真题卷)	2010-01	38.00	62
新编中学数学解题方法全书(高考精华卷)	2011-03	68.00	118
新编平面解析几何解题方法全书(专题讲座卷)	2010-01	18.00	61
新编中学数学解题方法全书(自主招生卷)	2013-08	88.00	261
数学奥林匹克与数学文化(第一辑)	2006-05	48.00	4
数学奥林匹克与数学文化(第二辑)(竞赛卷)	2008-01	48.00	19
数学奥林匹克与数学文化(第二辑)(文化卷)	2008-07	58.00	36′
数学奥林匹克与数学文化(第三辑)(竞赛卷)	2010-01	48.00	59
数学奥林匹克与数学文化(第四辑)(竞赛卷)	2011-08	58.00	87
数学奥林匹克与数学文化(第五辑)	2015-06	98.00	370
世界著名平面几何经典著作钩沉——几何作图专题卷(共3卷)	2022-01	198.00	1460
世界著名平面几何经典著作钩沉(民国平面几何老课本)	2011-03	38.00	113
世界著名平面几何经典著作钩沉(建国初期平面三角老课本)	2015-08	38.00	507
世界著名解析几何经典著作钩沉——平面解析几何卷	2014-01	38.00	264
世界著名数论经典著作钩沉(算术卷)	2012-01	28.00	125
世界著名数学经典著作钩沉——立体几何卷	2011-02	28.00	88
世界著名三角学经典著作钩沉(平面三角卷Ⅰ)	2010-06	28.00	69
世界著名三角学经典著作钩沉(平面三角卷Ⅱ)	2011-01	38.00	78
世界著名初等数论经典著作钩沉(理论和实用算术卷)	2011-07	38.00	126
世界著名几何经典著作钩沉(解析几何卷)	2022-10	68.00	1564
发展你的空间想象力(第3版)	2021-01	98.00	1464
空间想象力进阶	2019-05	68.00	1062
走向国际数学奥林匹克的平面几何试题诠释.第1卷	2019-07	88.00	1043
走向国际数学奥林匹克的平面几何试题诠释.第2卷	2019-09	78.00	1044
走向国际数学奥林匹克的平面几何试题诠释.第3卷	2019-03	78.00	1045
走向国际数学奥林匹克的平面几何试题诠释.第4卷	2019-09	98.00	1046
平面几何证明方法全书	2007-08	35.00	1
平面几何证明方法全书习题解答(第2版)	2006-12	18.00	10
平面几何天天练上卷·基础篇(直线型)	2013-01	58.00	208
平面几何天天练中卷·基础篇(涉及圆)	2013-01	28.00	234
平面几何天天练下卷·提高篇	2013-01	58.00	237
平面几何专题研究	2013-07	98.00	258
平面几何解题之道.第1卷	2022-05	38.00	1494
几何学习题集	2020-10	48.00	1217
通过解题学习代数几何	2021-04	88.00	1301
圆锥曲线的奥秘	2022-06	88.00	1541

刘培杰数学工作室
已出版(即将出版)图书目录——初等数学

书　名	出版时间	定　价	编号
最新世界各国数学奥林匹克中的平面几何试题	2007-09	38.00	14
数学竞赛平面几何典型题及新颖解	2010-07	48.00	74
初等数学复习及研究(平面几何)	2008-09	68.00	38
初等数学复习及研究(立体几何)	2010-06	38.00	71
初等数学复习及研究(平面几何)习题解答	2009-01	58.00	42
几何学教程(平面几何卷)	2011-03	68.00	90
几何学教程(立体几何卷)	2011-07	68.00	130
几何变换与几何证题	2010-06	88.00	70
计算方法与几何证题	2011-06	28.00	129
立体几何技巧与方法(第2版)	2022-10	168.00	1572
几何瑰宝——平面几何500名题暨1500条定理(上、下)	2021-07	168.00	1358
三角形的解法与应用	2012-07	18.00	183
近代的三角形几何学	2012-07	48.00	184
一般折线几何学	2015-08	48.00	503
三角形的五心	2009-06	28.00	51
三角形的六心及其应用	2015-10	68.00	542
三角形趣谈	2012-08	28.00	212
解三角形	2014-01	28.00	265
探秘三角形:一次数学旅行	2021-10	68.00	1387
三角学专门教程	2014-09	28.00	387
图天下几何新题试卷.初中(第2版)	2017-11	58.00	855
圆锥曲线习题集(上册)	2013-06	68.00	255
圆锥曲线习题集(中册)	2015-01	78.00	434
圆锥曲线习题集(下册·第1卷)	2016-10	78.00	683
圆锥曲线习题集(下册·第2卷)	2018-01	98.00	853
圆锥曲线习题集(下册·第3卷)	2019-10	128.00	1113
圆锥曲线的思想方法	2021-08	48.00	1379
圆锥曲线的八个主要问题	2021-10	48.00	1415
论九点圆	2015-05	88.00	645
近代欧氏几何学	2012-03	48.00	162
罗巴切夫斯基几何学及几何基础概要	2012-07	28.00	188
罗巴切夫斯基几何学初步	2015-06	28.00	474
用三角、解析几何、复数、向量计算解数学竞赛几何题	2015-03	48.00	455
用解析法研究圆锥曲线的几何理论	2022-05	48.00	1495
美国中学几何教程	2015-04	88.00	458
三线坐标与三角形特征点	2015-04	98.00	460
坐标几何学基础.第1卷,笛卡儿坐标	2021-08	48.00	1398
坐标几何学基础.第2卷,三线坐标	2021-09	28.00	1399
平面解析几何方法与研究(第1卷)	2015-05	18.00	471
平面解析几何方法与研究(第2卷)	2015-06	18.00	472
平面解析几何方法与研究(第3卷)	2015-07	18.00	473
解析几何研究	2015-01	38.00	425
解析几何学教程.上	2016-01	38.00	574
解析几何学教程.下	2016-01	38.00	575
几何学基础	2016-01	58.00	581
初等几何研究	2015-02	58.00	444
十九和二十世纪欧氏几何学中的片段	2017-01	58.00	696
平面几何中考.高考.奥数一本通	2017-07	28.00	820
几何学简史	2017-08	28.00	833
四面体	2018-01	48.00	880
平面几何证明方法思路	2018-12	68.00	913
折纸中的几何练习	2022-09	48.00	1559
中学新几何学(英文)	2022-10	98.00	1562

刘培杰数学工作室
已出版(即将出版)图书目录——初等数学

书　名	出版时间	定　价	编号
平面几何图形特性新析.上篇	2019-01	68.00	911
平面几何图形特性新析.下篇	2018-06	88.00	912
平面几何范例多解探究.上篇	2018-04	48.00	910
平面几何范例多解探究.下篇	2018-12	68.00	914
从分析解题过程学解题:竞赛中的几何问题研究	2018-07	68.00	946
从分析解题过程学解题:竞赛中的向量几何与不等式研究(全2册)	2019-06	138.00	1090
从分析解题过程学解题:竞赛中的不等式问题	2021-01	48.00	1249
二维、三维欧氏几何的对偶原理	2018-12	38.00	990
星形大观及闭折线论	2019-03	68.00	1020
立体几何的问题和方法	2019-11	58.00	1127
三角代换论	2021-05	58.00	1313
俄罗斯平面几何问题集	2009-08	88.00	55
俄罗斯立体几何问题集	2014-03	58.00	283
俄罗斯几何大师——沙雷金论数学及其他	2014-01	48.00	271
来自俄罗斯的5000道几何习题及解答	2011-03	58.00	89
俄罗斯初等数学问题集	2012-05	38.00	177
俄罗斯函数问题集	2011-03	38.00	103
俄罗斯组合分析问题集	2011-01	48.00	79
俄罗斯初等数学万题选——三角卷	2012-11	38.00	222
俄罗斯初等数学万题选——代数卷	2013-08	68.00	225
俄罗斯初等数学万题选——几何卷	2014-01	68.00	226
俄罗斯《量子》杂志数学征解问题100题选	2018-08	48.00	969
俄罗斯《量子》杂志数学征解问题又100题选	2018-08	48.00	970
俄罗斯《量子》杂志数学征解问题	2020-05	48.00	1138
463个俄罗斯几何老问题	2012-01	28.00	152
《量子》数学短文精粹	2018-09	38.00	972
用三角、解析几何等计算解来自俄罗斯的几何题	2019-11	88.00	1119
基谢廖夫平面几何	2022-01	48.00	1461
基谢廖夫立体几何	2023-04	48.00	1599
数学.代数、数学分析和几何(10-11年级)	2021-01	48.00	1250
立体几何.10-11年级	2022-01	58.00	1472
直观几何学:5-6年级	2022-04	58.00	1508
平面几何:9-11年级	2022-10	48.00	1571
谈谈素数	2011-03	18.00	91
平方和	2011-03	18.00	92
整数论	2011-05	38.00	120
从整数谈起	2015-10	28.00	538
数与多项式	2016-01	38.00	558
谈谈不定方程	2011-05	28.00	119
质数漫谈	2022-07	68.00	1529
解析不等式新论	2009-06	68.00	48
建立不等式的方法	2011-03	98.00	104
数学奥林匹克不等式研究(第2版)	2020-07	68.00	1181
不等式研究(第二辑)	2012-02	68.00	153
不等式的秘密(第一卷)(第2版)	2014-02	38.00	286
不等式的秘密(第二卷)	2014-01	38.00	268
初等不等式的证明方法	2010-06	38.00	123
初等不等式的证明方法(第二版)	2014-11	38.00	407
不等式·理论·方法(基础卷)	2015-07	38.00	496
不等式·理论·方法(经典不等式卷)	2015-07	38.00	497
不等式·理论·方法(特殊类型不等式卷)	2015-07	48.00	498
不等式探究	2016-03	38.00	582
不等式探秘	2017-01	88.00	689
四面体不等式	2017-01	68.00	715
数学奥林匹克中常见重要不等式	2017-09	38.00	845

刘培杰数学工作室
已出版(即将出版)图书目录——初等数学

书　名	出版时间	定　价	编号
三正弦不等式	2018-09	98.00	974
函数方程与不等式:解法与稳定性结果	2019-04	68.00	1058
数学不等式.第1卷,对称多项式不等式	2022-05	78.00	1455
数学不等式.第2卷,对称有理不等式与对称无理不等式	2022-05	88.00	1456
数学不等式.第3卷,循环不等式与非循环不等式	2022-05	88.00	1457
数学不等式.第4卷,Jensen不等式的扩展与加细	2022-05	88.00	1458
数学不等式.第5卷,创建不等式与解不等式的其他方法	2022-05	88.00	1459
同余理论	2012-05	38.00	163
[x]与{x}	2015-04	48.00	476
极值与最值.上卷	2015-06	28.00	486
极值与最值.中卷	2015-06	38.00	487
极值与最值.下卷	2015-06	28.00	488
整数的性质	2012-11	38.00	192
完全平方数及其应用	2015-08	78.00	506
多项式理论	2015-10	88.00	541
奇数、偶数、奇偶分析法	2018-01	98.00	876
不定方程及其应用.上	2018-12	58.00	992
不定方程及其应用.中	2019-01	78.00	993
不定方程及其应用.下	2019-02	98.00	994
Nesbitt不等式加强式的研究	2022-06	128.00	1527
最值定理与分析不等式	2023-02	78.00	1567
一类积分不等式	2023-02	88.00	1579
历届美国中学生数学竞赛试题及解答(第一卷)1950-1954	2014-07	18.00	277
历届美国中学生数学竞赛试题及解答(第二卷)1955-1959	2014-04	18.00	278
历届美国中学生数学竞赛试题及解答(第三卷)1960-1964	2014-06	18.00	279
历届美国中学生数学竞赛试题及解答(第四卷)1965-1969	2014-04	28.00	280
历届美国中学生数学竞赛试题及解答(第五卷)1970-1972	2014-06	18.00	281
历届美国中学生数学竞赛试题及解答(第六卷)1973-1980	2017-07	18.00	768
历届美国中学生数学竞赛试题及解答(第七卷)1981-1986	2015-01	18.00	424
历届美国中学生数学竞赛试题及解答(第八卷)1987-1990	2017-05	18.00	769
历届中国数学奥林匹克试题集(第3版)	2021-10	58.00	1440
历届加拿大数学奥林匹克试题集	2012-08	38.00	215
历届美国数学奥林匹克试题集:1972~2019	2020-04	88.00	1135
历届波兰数学竞赛试题集.第1卷,1949~1963	2015-03	18.00	453
历届波兰数学竞赛试题集.第2卷,1964~1976	2015-03	18.00	454
历届巴尔干数学奥林匹克试题集	2015-05	38.00	466
保加利亚数学奥林匹克	2014-10	38.00	393
圣彼得堡数学奥林匹克试题集	2015-01	38.00	429
匈牙利奥林匹克数学竞赛题解.第1卷	2016-05	28.00	593
匈牙利奥林匹克数学竞赛题解.第2卷	2016-05	28.00	594
历届美国数学邀请赛试题集(第2版)	2017-10	78.00	851
普林斯顿大学数学竞赛	2016-06	38.00	669
亚太地区数学奥林匹克竞赛题	2015-07	18.00	492
日本历届(初级)广中杯数学竞赛试题及解答.第1卷(2000~2007)	2016-05	28.00	641
日本历届(初级)广中杯数学竞赛试题及解答.第2卷(2008~2015)	2016-05	38.00	642
越南数学奥林匹克题选:1962-2009	2021-07	48.00	1370
360个数学竞赛问题	2016-08	58.00	677
奥数最佳实战题.上卷	2017-06	38.00	760
奥数最佳实战题.下卷	2017-06	58.00	761
哈尔滨市早期中学数学竞赛试题汇编	2016-07	28.00	672
全国高中数学联赛试题及解答:1981—2019(第4版)	2020-07	138.00	1176
2022年全国高中数学联合竞赛模拟题集	2022-06	30.00	1521

刘培杰数学工作室
已出版（即将出版）图书目录——初等数学

书　名	出版时间	定　价	编号
20 世纪 50 年代全国部分城市数学竞赛试题汇编	2017-07	28.00	797
国内外数学竞赛题及精解:2018~2019	2020-08	45.00	1192
国内外数学竞赛题及精解:2019~2020	2021-11	58.00	1439
许康华竞赛优学精选集.第一辑	2018-08	68.00	949
天问叶班数学问题征解 100 题.Ⅰ,2016-2018	2019-05	88.00	1075
天问叶班数学问题征解 100 题.Ⅱ,2017-2019	2020-07	98.00	1177
美国初中数学竞赛:AMC8 准备(共 6 卷)	2019-07	138.00	1089
美国高中数学竞赛:AMC10 准备(共 6 卷)	2019-08	158.00	1105
王连笑教你怎样学数学:高考选择题解题策略与客观题实用训练	2014-01	48.00	262
王连笑教你怎样学数学:高考数学高层次讲座	2015-02	48.00	432
高考数学的理论与实践	2009-08	38.00	53
高考数学核心题型解题方法与技巧	2010-01	28.00	86
高考思维新平台	2014-03	38.00	259
高考数学压轴题解题诀窍(上)(第 2 版)	2018-01	58.00	874
高考数学压轴题解题诀窍(下)(第 2 版)	2018-01	48.00	875
北京市五区文科数学三年高考模拟题详解:2013~2015	2015-08	48.00	500
北京市五区理科数学三年高考模拟题详解:2013~2015	2015-09	68.00	505
向量法巧解数学高考题	2009-08	28.00	54
高中数学课堂教学的实践与反思	2021-11	48.00	791
数学高考参考	2016-01	78.00	589
新课程标准高考数学解答题各种题型解法指导	2020-08	78.00	1196
全国及各省市高考数学试题审题要津与解法研究	2015-02	48.00	450
高中数学章节起始课的教学研究与案例设计	2019-05	28.00	1064
新课标高考数学——五年试题分章详解(2007~2011)(上、下)	2011-10	78.00	140,141
全国中考数学压轴题审题要津与解法研究	2013-04	78.00	248
新编全国及各省市中考数学压轴题审题要津与解法研究	2014-05	58.00	342
全国及各省市 5 年中考数学压轴题审题要津与解法研究(2015 版)	2015-04	58.00	462
中考数学专题总复习	2007-04	28.00	6
中考数学较难题常考题型解题方法与技巧	2016-09	48.00	681
中考数学难题常考题型解题方法与技巧	2016-09	48.00	682
中考数学中档题常考题型解题方法与技巧	2017-08	68.00	835
中考数学选择填空压轴好题妙解 365	2017-05	38.00	759
中考数学:三类重点考题的解法例析与习题	2020-04	48.00	1140
中小学数学的历史文化	2019-11	48.00	1124
初中平面几何百题多思创新解	2020-01	58.00	1125
初中数学中考备考	2020-01	58.00	1126
高考数学之九章演义	2019-08	68.00	1044
高考数学之难题谈笑间	2022-06	68.00	1519
化学可以这样学:高中化学知识方法智慧感悟疑难辨析	2019-07	58.00	1103
如何成为学习高手	2019-09	58.00	1107
高考数学:经典真题分类解析	2020-04	78.00	1134
高考数学解答题破解策略	2020-11	58.00	1221
从分析解题过程学解题:高考压轴题与竞赛题之关系探究	2020-08	88.00	1179
教学新思考:单元整体视角下的初中数学教学设计	2021-03	58.00	1278
思维再拓展:2020 年经典几何题的多解探究与思考	即将出版		1279
中考数学小压轴汇编初讲	2017-07	48.00	788
中考数学大压轴专题微言	2017-09	48.00	846
怎么解中考平面几何探索题	2019-06	48.00	1093
北京中考数学压轴题解题方法突破(第 8 版)	2022-11	78.00	1577
助你高考成功的数学解题智慧:知识是智慧的基础	2016-01	58.00	596
助你高考成功的数学解题智慧:错误是智慧的试金石	2016-04	58.00	643
助你高考成功的数学解题智慧:方法是智慧的推手	2016-04	68.00	657
高考数学奇思妙解	2016-04	38.00	610
高考数学解题策略	2016-05	48.00	670

刘培杰数学工作室
已出版(即将出版)图书目录——初等数学

书 名	出版时间	定 价	编号
数学解题泄天机(第2版)	2017-10	48.00	850
高考考物理压轴题全解	2017-04	58.00	746
高中物理经典问题25讲	2017-05	28.00	764
高中物理教学讲义	2018-01	48.00	871
高中物理教学讲义.全模块	2022-03	98.00	1492
高中物理答疑解惑65篇	2021-11	48.00	1462
中学物理基础问题解析	2020-08	48.00	1183
2017年高考理科数学真题研究	2018-01	58.00	867
2017年高考文科数学真题研究	2018-01	48.00	868
初中数学、高中数学脱节知识补缺教材	2017-06	48.00	766
高考数学小题抢分必练	2017-10	48.00	834
高考数学核心素养解读	2017-09	38.00	839
高考数学客观题解题方法和技巧	2017-10	38.00	847
十年高考数学精品试题审题要津与解法研究	2021-10	98.00	1427
中国历届高考数学试题及解答. 1949-1979	2018-01	38.00	877
历届中国高考数学试题及解答.第二卷,1980—1989	2018-10	28.00	975
历届中国高考数学试题及解答.第三卷,1990—1999	2018-10	48.00	976
数学文化与高考研究	2018-03	48.00	882
跟我学解高中数学题	2018-07	58.00	926
中学数学研究的方法及案例	2018-05	58.00	869
高考数学抢分技能	2018-07	68.00	934
高一新生常用数学方法和重要数学思想提升教材	2018-06	38.00	921
2018年高考数学真题研究	2019-01	68.00	1000
2019年高考数学真题研究	2020-05	88.00	1137
高考数学全国卷六道解答题常考题型解题诀窍:理科(全2册)	2019-07	78.00	1101
高考数学全国卷16道选择、填空题常考题型解题诀窍.理科	2018-09	88.00	971
高考数学全国卷16道选择、填空题常考题型解题诀窍.文科	2020-01	88.00	1123
高中数学一题多解	2019-06	58.00	1087
历届中国高考数学试题及解答:1917-1999	2021-08	98.00	1371
2000~2003年全国及各省市高考数学试题及解答	2022-05	88.00	1499
2004年全国及各省市高考数学试题及解答	2022-07	78.00	1500
突破高原:高考数学解题思维探究	2021-08	48.00	1375
高考数学中的"取值范围"	2021-10	48.00	1429
新课程标准高中数学各种题型解法大全.必修一分册	2021-06	58.00	1315
新课程标准高中数学各种题型解法大全.必修二分册	2022-01	68.00	1471
高中数学各种题型解法大全.选择性必修一分册	2022-06	68.00	1525
高中数学各种题型解法大全.选择性必修二分册	2023-01	58.00	1600
新编640个世界著名数学智力趣题	2014-01	88.00	242
500个最新世界著名数学智力趣题	2008-06	48.00	3
400个最新世界著名数学最值问题	2008-09	48.00	36
500个世界著名数学征解问题	2009-06	48.00	52
400个中国最佳初等数学征解老问题	2010-01	48.00	60
500个俄罗斯数学经典老题	2011-01	28.00	81
1000个国外中学物理好题	2012-04	48.00	174
300个日本高考数学题	2012-05	38.00	142
700个早期日本高考数学试题	2017-02	88.00	752
500个前苏联早期高考数学试题及解答	2012-05	28.00	185
546个早期俄罗斯大学生数学竞赛题	2014-03	38.00	285
548个来自美苏的数学好问题	2014-11	28.00	396
20所苏联著名大学早期入学试题	2015-02	18.00	452
161道德国工科大学生必做的微分方程习题	2015-05	28.00	469
500个德国工科大学生必做的高数习题	2015-06	28.00	478
360个数学竞赛问题	2016-08	58.00	677
200个趣味数学故事	2018-02	48.00	857
470个数学奥林匹克中的最值问题	2018-10	88.00	985
德国讲义日本考题.微积分卷	2015-04	48.00	456
德国讲义日本考题.微分方程卷	2015-04	38.00	457
二十世纪中叶中、英、美、日、法、俄高考数学试题精选	2017-06	38.00	783

刘培杰数学工作室
已出版(即将出版)图书目录——初等数学

书　名	出版时间	定　价	编号
中国初等数学研究　2009 卷(第 1 辑)	2009－05	20.00	45
中国初等数学研究　2010 卷(第 2 辑)	2010－05	30.00	68
中国初等数学研究　2011 卷(第 3 辑)	2011－07	60.00	127
中国初等数学研究　2012 卷(第 4 辑)	2012－07	48.00	190
中国初等数学研究　2014 卷(第 5 辑)	2014－02	48.00	288
中国初等数学研究　2015 卷(第 6 辑)	2015－06	68.00	493
中国初等数学研究　2016 卷(第 7 辑)	2016－04	68.00	609
中国初等数学研究　2017 卷(第 8 辑)	2017－01	98.00	712
初等数学研究在中国. 第 1 辑	2019－03	158.00	1024
初等数学研究在中国. 第 2 辑	2019－10	158.00	1116
初等数学研究在中国. 第 3 辑	2021－05	158.00	1306
初等数学研究在中国. 第 4 辑	2022－06	158.00	1520
几何变换(Ⅰ)	2014－07	28.00	353
几何变换(Ⅱ)	2015－06	28.00	354
几何变换(Ⅲ)	2015－01	38.00	355
几何变换(Ⅳ)	2015－12	38.00	356
初等数论难题集(第一卷)	2009－05	68.00	44
初等数论难题集(第二卷)(上、下)	2011－02	128.00	82,83
数论概貌	2011－03	18.00	93
代数论(第二版)	2013－08	58.00	94
代数多项式	2014－06	38.00	289
初等数论的知识与问题	2011－02	28.00	95
超越数论基础	2011－03	28.00	96
数论初等教程	2011－03	28.00	97
数论基础	2011－03	18.00	98
数论基础与维诺格拉多夫	2014－03	18.00	292
解析数论基础	2012－08	28.00	216
解析数论基础(第二版)	2014－01	48.00	287
解析数论问题集(第二版)(原版引进)	2014－05	88.00	343
解析数论问题集(第二版)(中译本)	2016－04	88.00	607
解析数论基础(潘承洞,潘承彪著)	2016－07	98.00	673
解析数论导引	2016－07	58.00	674
数论入门	2011－03	38.00	99
代数数论入门	2015－03	38.00	448
数论开篇	2012－07	28.00	194
解析数论引论	2011－03	48.00	100
Barban Davenport Halberstam 均值和	2009－01	40.00	33
基础数论	2011－03	28.00	101
初等数论 100 例	2011－05	18.00	122
初等数论经典例题	2012－07	18.00	204
最新世界各国数学奥林匹克中的初等数论试题(上、下)	2012－01	138.00	144,145
初等数论(Ⅰ)	2012－01	18.00	156
初等数论(Ⅱ)	2012－01	18.00	157
初等数论(Ⅲ)	2012－01	28.00	158

刘培杰数学工作室
已出版（即将出版）图书目录——初等数学

书　　名	出 版 时 间	定　价	编号
平面几何与数论中未解决的新老问题	2013-01	68.00	229
代数数论简史	2014-11	28.00	408
代数数论	2015-09	88.00	532
代数、数论及分析习题集	2016-11	98.00	695
数论导引提要及习题解答	2016-01	48.00	559
素数定理的初等证明.第2版	2016-09	48.00	686
数论中的模函数与狄利克雷级数(第二版)	2017-11	78.00	837
数论:数学导引	2018-01	68.00	849
范氏大代数	2019-02	98.00	1016
解析数学讲义.第一卷,导来式及微分、积分、级数	2019-04	88.00	1021
解析数学讲义.第二卷,关于几何的应用	2019-04	68.00	1022
解析数学讲义.第三卷,解析函数论	2019-04	78.00	1023
分析·组合·数论纵横谈	2019-04	58.00	1039
Hall 代数:民国时期的中学数学课本:英文	2019-08	88.00	1106
基谢廖夫初等代数	2022-07	38.00	1531
数学精神巡礼	2019-01	58.00	731
数学眼光透视(第2版)	2017-06	78.00	732
数学思想领悟(第2版)	2018-01	68.00	733
数学方法溯源(第2版)	2018-08	68.00	734
数学解题引论	2017-05	58.00	735
数学史话览胜(第2版)	2017-01	48.00	736
数学应用展观(第2版)	2017-08	68.00	737
数学建模尝试	2018-04	48.00	738
数学竞赛采风	2018-01	68.00	739
数学测评探营	2019-05	58.00	740
数学技能操握	2018-03	48.00	741
数学欣赏拾趣	2018-02	48.00	742
从毕达哥拉斯到怀尔斯	2007-10	48.00	9
从迪利克雷到维斯卡尔迪	2008-01	48.00	21
从哥德巴赫到陈景润	2008-05	98.00	35
从庞加莱到佩雷尔曼	2011-08	138.00	136
博弈论精粹	2008-03	58.00	30
博弈论精粹.第二版(精装)	2015-01	88.00	461
数学 我爱你	2008-01	28.00	20
精神的圣徒　别样的人生——60位中国数学家成长的历程	2008-09	48.00	39
数学史概论	2009-06	78.00	50
数学史概论(精装)	2013-03	158.00	272
数学史选讲	2016-01	48.00	544
斐波那契数列	2010-02	28.00	65
数学拼盘和斐波那契魔方	2010-07	38.00	72
斐波那契数列欣赏(第2版)	2018-08	58.00	948
Fibonacci 数列中的明珠	2018-06	58.00	928
数学的创造	2011-02	48.00	85
数学美与创造力	2016-01	48.00	595
数海拾贝	2016-01	48.00	590
数学中的美(第2版)	2019-04	68.00	1057
数论中的美学	2014-12	38.00	351

刘培杰数学工作室
已出版(即将出版)图书目录——初等数学

书　名	出版时间	定　价	编号
数学王者　科学巨人——高斯	2015-01	28.00	428
振兴祖国数学的圆梦之旅:中国初等数学研究史话	2015-06	98.00	490
二十世纪中国数学史料研究	2015-10	48.00	536
数字谜、数阵图与棋盘覆盖	2016-01	58.00	298
时间的形状	2016-01	38.00	556
数学发现的艺术:数学探索中的合情推理	2016-07	58.00	671
活跃在数学中的参数	2016-07	48.00	675
数海趣史	2021-05	98.00	1314
数学解题——靠数学思想给力(上)	2011-07	38.00	131
数学解题——靠数学思想给力(中)	2011-07	48.00	132
数学解题——靠数学思想给力(下)	2011-07	38.00	133
我怎样解题	2013-01	48.00	227
数学解题中的物理方法	2011-06	28.00	114
数学解题的特殊方法	2011-06	48.00	115
中学数学计算技巧(第2版)	2020-10	48.00	1220
中学数学证明方法	2012-01	58.00	117
数学趣题巧解	2012-03	28.00	128
高中数学教学通鉴	2015-05	58.00	479
和高中生漫谈:数学与哲学的故事	2014-08	28.00	369
算术问题集	2017-03	38.00	789
张教授讲数学	2018-07	38.00	933
陈永明实话实说数学教学	2020-04	68.00	1132
中学数学学科知识与教学能力	2020-06	58.00	1155
怎样把课讲好:大罕数学教学随笔	2022-03	58.00	1484
中国高考评价体系下高考数学探秘	2022-03	48.00	1487
自主招生考试中的参数方程问题	2015-01	28.00	435
自主招生考试中的极坐标问题	2015-04	28.00	463
近年全国重点大学自主招生数学试题全解及研究.华约卷	2015-02	38.00	441
近年全国重点大学自主招生数学试题全解及研究.北约卷	2016-05	38.00	619
自主招生数学解证宝典	2015-09	48.00	535
中国科学技术大学创新班数学真题解析	2022-03	48.00	1488
中国科学技术大学创新班物理真题解析	2022-03	58.00	1489
格点和面积	2012-07	18.00	191
射影几何趣谈	2012-04	28.00	175
斯潘纳尔引理——从一道加拿大数学奥林匹克试题谈起	2014-01	28.00	228
李普希兹条件——从几道近年高考数学试题谈起	2012-10	18.00	221
拉格朗日中值定理——从一道北京高考题的解法谈起	2015-10	18.00	197
闵科夫斯基定理——从一道清华大学自主招生试题谈起	2014-01	28.00	198
哈尔测度——从一道冬令营试题的背景谈起	2012-08	28.00	202
切比雪夫逼近问题——从一道中国台北数学奥林匹克试题谈起	2013-04	38.00	238
伯恩斯坦多项式与贝齐尔曲面——从一道全国高中数学联赛试题谈起	2013-03	38.00	236
卡塔兰猜想——从一道普特南竞赛试题谈起	2013-06	18.00	256
麦卡锡函数和阿克曼函数——从一道前南斯拉夫数学奥林匹克试题谈起	2012-08	18.00	201
贝蒂定理与拉姆贝克莫斯尔定理——从一个拣石子游戏谈起	2012-08	18.00	217
皮亚诺曲线和豪斯道夫分球定理——从无限集谈起	2012-08	18.00	211
平面凸图形与凸多面体	2012-10	28.00	218
斯坦因豪斯问题——从一道二十五省市自治区中学数学竞赛试题谈起	2012-07	18.00	196

刘培杰数学工作室
已出版（即将出版）图书目录——初等数学

书　　名	出版时间	定　价	编号
纽结理论中的亚历山大多项式与琼斯多项式——从一道北京市高一数学竞赛试题谈起	2012-07	28.00	195
原则与策略——从波利亚"解题表"谈起	2013-04	38.00	244
转化与化归——从三大尺规作图不能问题谈起	2012-08	28.00	214
代数几何中的贝祖定理（第一版）——从一道IMO试题的解法谈起	2013-08	18.00	193
成功连贯理论与约当块理论——从一道比利时数学竞赛试题谈起	2012-04	18.00	180
素数判定与大数分解	2014-08	18.00	199
置换多项式及其应用	2012-10	18.00	220
椭圆函数与模函数——从一道美国加州大学洛杉矶分校（UCLA）博士资格考题谈起	2012-10	28.00	219
差分方程的拉格朗日方法——从一道2011年全国高考理科试题的解法谈起	2012-08	28.00	200
力学在几何中的一些应用	2013-01	38.00	240
从根式解到伽罗华理论	2020-01	48.00	1121
康托洛维奇不等式——从一道全国高中联赛试题谈起	2013-03	28.00	337
西格尔引理——从一道第18届IMO试题的解法谈起	即将出版		
罗斯定理——从一道前苏联数学竞赛试题谈起	即将出版		
拉克斯定理和阿廷定理——从一道IMO试题的解法谈起	2014-01	58.00	246
毕卡大定理——从一道美国大学数学竞赛试题谈起	2014-07	18.00	350
贝齐尔曲线——从一道全国高中联赛试题谈起	即将出版		
拉格朗日乘子定理——从一道2005年全国高中联赛试题的高等数学解法谈起	2015-05	28.00	480
雅可比定理——从一道日本数学奥林匹克试题谈起	2013-04	48.00	249
李天岩-约克定理——从一道波兰数学竞赛试题谈起	2014-06	28.00	349
受控理论与初等不等式：从一道IMO试题的解法谈起	2023-03	48.00	1601
布劳维不动点定理——从一道前苏联数学奥林匹克试题谈起	2014-01	38.00	273
伯恩赛德定理——从一道英国数学奥林匹克试题谈起	即将出版		
布查特-莫斯特定理——从一道上海市初中竞赛试题谈起	即将出版		
数论中的同余数问题——从一道普林南竞赛试题谈起	即将出版		
范·德蒙行列式——从一道美国数学奥林匹克试题谈起	即将出版		
中国剩余定理：总数法构建中国历史年表	2015-01	28.00	430
牛顿程序与方程求根——从一道全国高考试题解法谈起	即将出版		
库默尔定理——从一道IMO预选试题谈起	即将出版		
卢丁定理——从一道冬令营试题的解法谈起	即将出版		
沃斯滕霍姆定理——从一道英国数学奥林匹克试题谈起	即将出版		
卡尔松不等式——从一道莫斯科数学奥林匹克试题谈起	即将出版		
信息论中的香农熵——从一道近年高考压轴题谈起	即将出版		
约当不等式——从一道希望杯竞赛试题谈起	即将出版		
拉比诺维奇定理	即将出版		
刘维尔定理——从一道《美国数学月刊》征解问题的解法谈起	即将出版		
卡塔兰恒等式与级数求和——从一道IMO试题谈起	即将出版		
勒让德猜想与素数分布——从一道爱尔兰竞赛试题谈起	即将出版		
天平称重与信息论——从一道基辅市数学奥林匹克试题谈起	即将出版		
哈密尔顿-凯莱定理：从一道高中数学联赛试题的解法谈起	2014-09	18.00	376
艾思特曼定理——从一道CMO试题的解法谈起	即将出版		

刘培杰数学工作室
已出版(即将出版)图书目录——初等数学

书　名	出版时间	定　价	编号
阿贝尔恒等式与经典不等式及应用	2018-06	98.00	923
迪利克雷除数问题	2018-07	48.00	930
幻方、幻立方与拉丁方	2019-08	48.00	1092
帕斯卡三角形	2014-03	18.00	294
蒲丰投针问题——从2009年清华大学的一道自主招生试题谈起	2014-01	38.00	295
斯图姆定理——从一道"华约"自主招生试题的解法谈起	2014-01	18.00	296
许瓦兹引理——从一道加利福尼亚大学伯克利分校数学系博士生试题谈起	2014-08	18.00	297
拉姆塞定理——从王诗宬院士的一个问题谈起	2016-04	48.00	299
坐标法	2013-12	28.00	332
数论三角形	2014-04	38.00	341
毕克定理	2014-07	18.00	352
数林掠影	2014-09	48.00	389
我们周围的概率	2014-10	38.00	390
凸函数最值定理:从一道华约自主招生题的解法谈起	2014-10	28.00	391
易学与数学奥林匹克	2014-10	38.00	392
生物数学趣谈	2015-01	18.00	409
反演	2015-01	28.00	420
因式分解与圆锥曲线	2015-01	18.00	426
轨迹	2015-01	28.00	427
面积原理:从常庚哲命的一道CMO试题的积分解法谈起	2015-01	48.00	431
形形色色的不动点定理:从一道28届IMO试题谈起	2015-01	38.00	439
柯西函数方程:从一道上海交大自主招生的试题谈起	2015-02	28.00	440
三角恒等式	2015-02	28.00	442
无理性判定:从一道2014年"北约"自主招生试题谈起	2015-01	38.00	443
数学归纳法	2015-03	18.00	451
极端原理与解题	2015-04	28.00	464
法雷级数	2014-08	18.00	367
摆线族	2015-01	38.00	438
函数方程及其解法	2015-05	38.00	470
含参数的方程和不等式	2012-09	28.00	213
希尔伯特第十问题	2016-01	38.00	543
无穷小量的求和	2016-01	28.00	545
切比雪夫多项式:从一道清华大学金秋营试题谈起	2016-01	38.00	583
泽肯多夫定理	2016-03	38.00	599
代数等式证明法	2016-01	28.00	600
三角等式证明法	2016-01	28.00	601
吴大任教授藏书中的一个因式分解公式:从一道美国数学邀请赛试题的解法谈起	2016-06	28.00	656
易卦——类万物的数学模型	2017-08	68.00	838
"不可思议"的数与系可持续发展	2018-01	38.00	878
最短线	2018-01	38.00	879
数学在天文、地理、光学、机械力学中的一些应用	2023-03	88.00	1576
从阿基米德三角形谈起	2023-01	28.00	1578
幻方和魔方(第一卷)	2012-05	68.00	173
尘封的经典——初等数学经典文献选读(第一卷)	2012-07	48.00	205
尘封的经典——初等数学经典文献选读(第二卷)	2012-07	38.00	206
初级方程式论	2011-03	28.00	106
初等数学研究(Ⅰ)	2008-09	68.00	37
初等数学研究(Ⅱ)(上、下)	2009-05	118.00	46,47
初等数学专题研究	2022-10	68.00	1568

刘培杰数学工作室
已出版(即将出版)图书目录——初等数学

书　名	出版时间	定　价	编号
趣味初等方程妙题集锦	2014-09	48.00	388
趣味初等数论选美与欣赏	2015-02	48.00	445
耕读笔记(上卷)：一位农民数学爱好者的初数探索	2015-04	28.00	459
耕读笔记(中卷)：一位农民数学爱好者的初数探索	2015-05	28.00	483
耕读笔记(下卷)：一位农民数学爱好者的初数探索	2015-05	28.00	484
几何不等式研究与欣赏.上卷	2016-01	88.00	547
几何不等式研究与欣赏.下卷	2016-01	48.00	552
初等数列研究与欣赏·上	2016-01	48.00	570
初等数列研究与欣赏·下	2016-01	48.00	571
趣味初等函数研究与欣赏.上	2016-09	48.00	684
趣味初等函数研究与欣赏.下	2018-09	48.00	685
三角不等式研究与欣赏	2020-10	68.00	1197
新编平面解析几何解题方法研究与欣赏	2021-10	78.00	1426
火柴游戏(第2版)	2022-05	38.00	1493
智力解谜.第1卷	2017-07	38.00	613
智力解谜.第2卷	2017-07	38.00	614
故事智力	2016-07	48.00	615
名人们喜欢的智力问题	2020-01	48.00	616
数学大师的发现、创造与失误	2018-01	48.00	617
异曲同工	2018-09	48.00	618
数学的味道	2018-01	58.00	798
数学千字文	2018-10	68.00	977
数贝偶拾——高考数学题研究	2014-04	28.00	274
数贝偶拾——初等数学研究	2014-04	38.00	275
数贝偶拾——奥数题研究	2014-04	48.00	276
钱昌本教你快乐学数学(上)	2011-12	48.00	155
钱昌本教你快乐学数学(下)	2012-03	58.00	171
集合、函数与方程	2014-01	28.00	300
数列与不等式	2014-01	38.00	301
三角与平面向量	2014-01	28.00	302
平面解析几何	2014-01	38.00	303
立体几何与组合	2014-01	28.00	304
极限与导数、数学归纳法	2014-01	38.00	305
趣味数学	2014-03	28.00	306
教材教法	2014-04	68.00	307
自主招生	2014-05	58.00	308
高考压轴题(上)	2015-01	48.00	309
高考压轴题(下)	2014-10	68.00	310
从费马到怀尔斯——费马大定理的历史	2013-10	198.00	I
从庞加莱到佩雷尔曼——庞加莱猜想的历史	2013-10	298.00	II
从切比雪夫到爱尔特希(上)——素数定理的初等证明	2013-07	48.00	III
从切比雪夫到爱尔特希(下)——素数定理100年	2012-12	98.00	III
从高斯到盖尔方特——二次域的高斯猜想	2013-10	198.00	IV
从库默尔到朗兰兹——朗兰兹猜想的历史	2014-01	98.00	V
从比勃巴赫到德布朗斯——比勃巴赫猜想的历史	2014-02	298.00	VI
从麦比乌斯到陈省身——麦比乌斯变换与麦比乌斯带	2014-02	298.00	VII
从布尔到豪斯道夫——布尔方程与格论漫谈	2013-10	198.00	VIII
从开普勒到阿诺德——三体问题的历史	2014-05	298.00	IX
从华林到华罗庚——华林问题的历史	2013-10	298.00	X

刘培杰数学工作室
已出版(即将出版)图书目录——初等数学

书 名	出版时间	定 价	编号
美国高中数学竞赛五十讲. 第1卷(英文)	2014-08	28.00	357
美国高中数学竞赛五十讲. 第2卷(英文)	2014-08	28.00	358
美国高中数学竞赛五十讲. 第3卷(英文)	2014-09	28.00	359
美国高中数学竞赛五十讲. 第4卷(英文)	2014-09	28.00	360
美国高中数学竞赛五十讲. 第5卷(英文)	2014-10	28.00	361
美国高中数学竞赛五十讲. 第6卷(英文)	2014-11	28.00	362
美国高中数学竞赛五十讲. 第7卷(英文)	2014-12	28.00	363
美国高中数学竞赛五十讲. 第8卷(英文)	2015-01	28.00	364
美国高中数学竞赛五十讲. 第9卷(英文)	2015-01	28.00	365
美国高中数学竞赛五十讲. 第10卷(英文)	2015-02	38.00	366
三角函数(第2版)	2017-04	38.00	626
不等式	2014-01	38.00	312
数列	2014-01	38.00	313
方程(第2版)	2017-04	38.00	624
排列和组合	2014-01	28.00	315
极限与导数(第2版)	2016-04	38.00	635
向量(第2版)	2018-08	58.00	627
复数及其应用	2014-08	28.00	318
函数	2014-01	38.00	319
集合	2020-01	48.00	320
直线与平面	2014-01	28.00	321
立体几何(第2版)	2016-04	38.00	629
解三角形	即将出版		323
直线与圆(第2版)	2016-11	38.00	631
圆锥曲线(第2版)	2016-09	48.00	632
解题通法(一)	2014-07	38.00	326
解题通法(二)	2014-07	38.00	327
解题通法(三)	2014-05	38.00	328
概率与统计	2014-01	28.00	329
信息迁移与算法	即将出版		330
IMO 50 年. 第1卷(1959-1963)	2014-11	28.00	377
IMO 50 年. 第2卷(1964-1968)	2014-11	28.00	378
IMO 50 年. 第3卷(1969-1973)	2014-09	28.00	379
IMO 50 年. 第4卷(1974-1978)	2016-04	38.00	380
IMO 50 年. 第5卷(1979-1984)	2015-04	38.00	381
IMO 50 年. 第6卷(1985-1989)	2015-04	58.00	382
IMO 50 年. 第7卷(1990-1994)	2016-01	48.00	383
IMO 50 年. 第8卷(1995-1999)	2016-06	38.00	384
IMO 50 年. 第9卷(2000-2004)	2015-04	58.00	385
IMO 50 年. 第10卷(2005-2009)	2016-01	48.00	386
IMO 50 年. 第11卷(2010-2015)	2017-03	48.00	646

书　　名	出版时间	定　价	编号
数学反思(2006—2007)	2020-09	88.00	915
数学反思(2008—2009)	2019-01	68.00	917
数学反思(2010—2011)	2018-05	58.00	916
数学反思(2012—2013)	2019-01	58.00	918
数学反思(2014—2015)	2019-03	78.00	919
数学反思(2016—2017)	2021-03	58.00	1286
数学反思(2018—2019)	2023-01	88.00	1593
历届美国大学生数学竞赛试题集.第一卷(1938—1949)	2015-01	28.00	397
历届美国大学生数学竞赛试题集.第二卷(1950—1959)	2015-01	28.00	398
历届美国大学生数学竞赛试题集.第三卷(1960—1969)	2015-01	28.00	399
历届美国大学生数学竞赛试题集.第四卷(1970—1979)	2015-01	18.00	400
历届美国大学生数学竞赛试题集.第五卷(1980—1989)	2015-01	28.00	401
历届美国大学生数学竞赛试题集.第六卷(1990—1999)	2015-01	28.00	402
历届美国大学生数学竞赛试题集.第七卷(2000—2009)	2015-08	18.00	403
历届美国大学生数学竞赛试题集.第八卷(2010—2012)	2015-01	18.00	404
新课标高考数学创新题解题诀窍:总论	2014-09	28.00	372
新课标高考数学创新题解题诀窍:必修1~5分册	2014-08	38.00	373
新课标高考数学创新题解题诀窍:选修2-1,2-2,1-1,1-2分册	2014-09	38.00	374
新课标高考数学创新题解题诀窍:选修2-3,4-4,4-5分册	2014-09	18.00	375
全国重点大学自主招生英文数学试题全攻略:词汇卷	2015-07	48.00	410
全国重点大学自主招生英文数学试题全攻略:概念卷	2015-01	28.00	411
全国重点大学自主招生英文数学试题全攻略:文章选读卷(上)	2016-09	38.00	412
全国重点大学自主招生英文数学试题全攻略:文章选读卷(下)	2017-01	58.00	413
全国重点大学自主招生英文数学试题全攻略:试题卷	2015-07	38.00	414
全国重点大学自主招生英文数学试题全攻略:名著欣赏卷	2017-03	48.00	415
劳埃德数学趣题大全.题目卷.1:英文	2016-01	18.00	516
劳埃德数学趣题大全.题目卷.2:英文	2016-01	18.00	517
劳埃德数学趣题大全.题目卷.3:英文	2016-01	18.00	518
劳埃德数学趣题大全.题目卷.4:英文	2016-01	18.00	519
劳埃德数学趣题大全.题目卷.5:英文	2016-01	18.00	520
劳埃德数学趣题大全.答案卷:英文	2016-01	18.00	521
李成章教练奥数笔记.第1卷	2016-01	48.00	522
李成章教练奥数笔记.第2卷	2016-01	48.00	523
李成章教练奥数笔记.第3卷	2016-01	38.00	524
李成章教练奥数笔记.第4卷	2016-01	38.00	525
李成章教练奥数笔记.第5卷	2016-01	38.00	526
李成章教练奥数笔记.第6卷	2016-01	38.00	527
李成章教练奥数笔记.第7卷	2016-01	38.00	528
李成章教练奥数笔记.第8卷	2016-01	48.00	529
李成章教练奥数笔记.第9卷	2016-01	28.00	530

刘培杰数学工作室
已出版(即将出版)图书目录——初等数学

书　名	出版时间	定　价	编号
第19~23届"希望杯"全国数学邀请赛试题审题要津详细评注(初一版)	2014-03	28.00	333
第19~23届"希望杯"全国数学邀请赛试题审题要津详细评注(初二、初三版)	2014-03	38.00	334
第19~23届"希望杯"全国数学邀请赛试题审题要津详细评注(高一版)	2014-03	28.00	335
第19~23届"希望杯"全国数学邀请赛试题审题要津详细评注(高二版)	2014-03	38.00	336
第19~25届"希望杯"全国数学邀请赛试题审题要津详细评注(初一版)	2015-01	38.00	416
第19~25届"希望杯"全国数学邀请赛试题审题要津详细评注(初二、初三版)	2015-01	58.00	417
第19~25届"希望杯"全国数学邀请赛试题审题要津详细评注(高一版)	2015-01	48.00	418
第19~25届"希望杯"全国数学邀请赛试题审题要津详细评注(高二版)	2015-01	48.00	419
物理奥林匹克竞赛大题典——力学卷	2014-11	48.00	405
物理奥林匹克竞赛大题典——热学卷	2014-04	28.00	339
物理奥林匹克竞赛大题典——电磁学卷	2015-07	48.00	406
物理奥林匹克竞赛大题典——光学与近代物理卷	2014-06	28.00	345
历届中国东南地区数学奥林匹克试题集(2004~2012)	2014-06	18.00	346
历届中国西部地区数学奥林匹克试题集(2001~2012)	2014-07	18.00	347
历届中国女子数学奥林匹克试题集(2002~2012)	2014-08	18.00	348
数学奥林匹克在中国	2014-06	98.00	344
数学奥林匹克问题集	2014-01	38.00	267
数学奥林匹克不等式散论	2010-06	38.00	124
数学奥林匹克不等式欣赏	2011-09	38.00	138
数学奥林匹克超级题库(初中卷上)	2010-01	58.00	66
数学奥林匹克不等式证明方法和技巧(上、下)	2011-08	158.00	134,135
他们学什么:原民主德国中学数学课本	2016-09	38.00	658
他们学什么:英国中学数学课本	2016-09	38.00	659
他们学什么:法国中学数学课本.1	2016-09	38.00	660
他们学什么:法国中学数学课本.2	2016-09	28.00	661
他们学什么:法国中学数学课本.3	2016-09	38.00	662
他们学什么:苏联中学数学课本	2016-09	28.00	679
高中数学题典——集合与简易逻辑·函数	2016-07	48.00	647
高中数学题典——导数	2016-07	48.00	648
高中数学题典——三角函数·平面向量	2016-07	48.00	649
高中数学题典——数列	2016-07	58.00	650
高中数学题典——不等式·推理与证明	2016-07	38.00	651
高中数学题典——立体几何	2016-07	48.00	652
高中数学题典——平面解析几何	2016-07	78.00	653
高中数学题典——计数原理·统计·概率·复数	2016-07	48.00	654
高中数学题典——算法·平面几何·初等数论·组合数学·其他	2016-07	68.00	655

刘培杰数学工作室
已出版(即将出版)图书目录——初等数学

书　　名	出版时间	定　价	编号
台湾地区奥林匹克数学竞赛试题.小学一年级	2017-03	38.00	722
台湾地区奥林匹克数学竞赛试题.小学二年级	2017-03	38.00	723
台湾地区奥林匹克数学竞赛试题.小学三年级	2017-03	38.00	724
台湾地区奥林匹克数学竞赛试题.小学四年级	2017-03	38.00	725
台湾地区奥林匹克数学竞赛试题.小学五年级	2017-03	38.00	726
台湾地区奥林匹克数学竞赛试题.小学六年级	2017-03	38.00	727
台湾地区奥林匹克数学竞赛试题.初中一年级	2017-03	38.00	728
台湾地区奥林匹克数学竞赛试题.初中二年级	2017-03	38.00	729
台湾地区奥林匹克数学竞赛试题.初中三年级	2017-03	28.00	730
不等式证题法	2017-04	28.00	747
平面几何培优教程	2019-08	88.00	748
奥数鼎级培优教程.高一分册	2018-09	88.00	749
奥数鼎级培优教程.高二分册.上	2018-04	68.00	750
奥数鼎级培优教程.高二分册.下	2018-04	68.00	751
高中数学竞赛冲刺宝典	2019-04	68.00	883
初中尖子生数学超级题典.实数	2017-07	58.00	792
初中尖子生数学超级题典.式、方程与不等式	2017-08	58.00	793
初中尖子生数学超级题典.圆、面积	2017-08	38.00	794
初中尖子生数学超级题典.函数、逻辑推理	2017-08	48.00	795
初中尖子生数学超级题典.角、线段、三角形与多边形	2017-07	58.00	796
数学王子——高斯	2018-01	48.00	858
坎坷奇星——阿贝尔	2018-01	48.00	859
闪烁奇星——伽罗瓦	2018-01	58.00	860
无穷统帅——康托尔	2018-01	48.00	861
科学公主——柯瓦列夫斯卡娅	2018-01	48.00	862
抽象代数之母——埃米·诺特	2018-01	48.00	863
电脑先驱——图灵	2018-01	58.00	864
昔日神童——维纳	2018-01	48.00	865
数坛怪侠——爱尔特希	2018-01	68.00	866
传奇数学家徐利治	2019-09	88.00	1110
当代世界中的数学.数学思想与数学基础	2019-01	38.00	892
当代世界中的数学.数学问题	2019-01	38.00	893
当代世界中的数学.应用数学与数学应用	2019-01	38.00	894
当代世界中的数学.数学王国的新疆域(一)	2019-01	38.00	895
当代世界中的数学.数学王国的新疆域(二)	2019-01	38.00	896
当代世界中的数学.数林撷英(一)	2019-01	38.00	897
当代世界中的数学.数林撷英(二)	2019-01	48.00	898
当代世界中的数学.数学之路	2019-01	38.00	899

刘培杰数学工作室
已出版(即将出版)图书目录——初等数学

书　名	出版时间	定　价	编号
105 个代数问题:来自 AwesomeMath 夏季课程	2019-02	58.00	956
106 个几何问题:来自 AwesomeMath 夏季课程	2020-07	58.00	957
107 个几何问题:来自 AwesomeMath 全年课程	2020-07	58.00	958
108 个代数问题:来自 AwesomeMath 全年课程	2019-01	68.00	959
109 个不等式:来自 AwesomeMath 夏季课程	2019-04	58.00	960
国际数学奥林匹克中的 110 个几何问题	即将出版		961
111 个代数和数论问题	2019-05	58.00	962
112 个组合问题:来自 AwesomeMath 夏季课程	2019-05	58.00	963
113 个几何不等式:来自 AwesomeMath 夏季课程	2020-08	58.00	964
114 个指数和对数问题:来自 AwesomeMath 夏季课程	2019-09	48.00	965
115 个三角问题:来自 AwesomeMath 夏季课程	2019-09	58.00	966
116 个代数不等式:来自 AwesomeMath 全年课程	2019-04	58.00	967
117 个多项式问题:来自 AwesomeMath 夏季课程	2021-09	58.00	1409
118 个数学竞赛不等式	2022-08	78.00	1526
紫色彗星国际数学竞赛试题	2019-02	58.00	999
数学竞赛中的数学:为数学爱好者、父母、教师和教练准备的丰富资源.第一部	2020-04	58.00	1141
数学竞赛中的数学:为数学爱好者、父母、教师和教练准备的丰富资源.第二部	2020-07	48.00	1142
和与积	2020-10	38.00	1219
数论:概念和问题	2020-12	68.00	1257
初等数学问题研究	2021-03	48.00	1270
数学奥林匹克中的欧几里得几何	2021-10	68.00	1413
数学奥林匹克题解新编	2022-01	58.00	1430
图论入门	2022-09	58.00	1554
澳大利亚中学数学竞赛试题及解答(初级卷)1978~1984	2019-02	28.00	1002
澳大利亚中学数学竞赛试题及解答(初级卷)1985~1991	2019-02	28.00	1003
澳大利亚中学数学竞赛试题及解答(初级卷)1992~1998	2019-02	28.00	1004
澳大利亚中学数学竞赛试题及解答(初级卷)1999~2005	2019-02	28.00	1005
澳大利亚中学数学竞赛试题及解答(中级卷)1978~1984	2019-03	28.00	1006
澳大利亚中学数学竞赛试题及解答(中级卷)1985~1991	2019-03	28.00	1007
澳大利亚中学数学竞赛试题及解答(中级卷)1992~1998	2019-03	28.00	1008
澳大利亚中学数学竞赛试题及解答(中级卷)1999~2005	2019-03	28.00	1009
澳大利亚中学数学竞赛试题及解答(高级卷)1978~1984	2019-05	28.00	1010
澳大利亚中学数学竞赛试题及解答(高级卷)1985~1991	2019-05	28.00	1011
澳大利亚中学数学竞赛试题及解答(高级卷)1992~1998	2019-05	28.00	1012
澳大利亚中学数学竞赛试题及解答(高级卷)1999~2005	2019-05	28.00	1013
天才中小学生智力测验题.第一卷	2019-03	38.00	1026
天才中小学生智力测验题.第二卷	2019-03	38.00	1027
天才中小学生智力测验题.第三卷	2019-03	38.00	1028
天才中小学生智力测验题.第四卷	2019-03	38.00	1029
天才中小学生智力测验题.第五卷	2019-03	38.00	1030
天才中小学生智力测验题.第六卷	2019-03	38.00	1031
天才中小学生智力测验题.第七卷	2019-03	38.00	1032
天才中小学生智力测验题.第八卷	2019-03	38.00	1033
天才中小学生智力测验题.第九卷	2019-03	38.00	1034
天才中小学生智力测验题.第十卷	2019-03	38.00	1035
天才中小学生智力测验题.第十一卷	2019-03	38.00	1036
天才中小学生智力测验题.第十二卷	2019-03	38.00	1037
天才中小学生智力测验题.第十三卷	2019-03	38.00	1038

刘培杰数学工作室
已出版(即将出版)图书目录——初等数学

书 名	出版时间	定 价	编号
重点大学自主招生数学备考全书:函数	2020-05	48.00	1047
重点大学自主招生数学备考全书:导数	2020-08	48.00	1048
重点大学自主招生数学备考全书:数列与不等式	2019-10	78.00	1049
重点大学自主招生数学备考全书:三角函数与平面向量	2020-08	68.00	1050
重点大学自主招生数学备考全书:平面解析几何	2020-07	58.00	1051
重点大学自主招生数学备考全书:立体几何与平面几何	2019-08	48.00	1052
重点大学自主招生数学备考全书:排列组合·概率统计·复数	2019-09	48.00	1053
重点大学自主招生数学备考全书:初等数论与组合数学	2019-08	48.00	1054
重点大学自主招生数学备考全书:重点大学自主招生真题.上	2019-04	68.00	1055
重点大学自主招生数学备考全书:重点大学自主招生真题.下	2019-04	58.00	1056
高中数学竞赛培训教程:平面几何问题的求解方法与策略.上	2018-05	68.00	906
高中数学竞赛培训教程:平面几何问题的求解方法与策略.下	2018-06	78.00	907
高中数学竞赛培训教程:整除与同余以及不定方程	2018-01	88.00	908
高中数学竞赛培训教程:组合计数与组合极值	2018-04	48.00	909
高中数学竞赛培训教程:初等代数	2019-06	78.00	1042
高中数学讲座:数学竞赛基础教程(第一册)	2019-06	48.00	1094
高中数学讲座:数学竞赛基础教程(第二册)	即将出版		1095
高中数学讲座:数学竞赛基础教程(第三册)	即将出版		1096
高中数学讲座:数学竞赛基础教程(第四册)	即将出版		1097
新编中学数学解题方法1000招丛书.实数(初中版)	2022-05	58.00	1291
新编中学数学解题方法1000招丛书.式(初中版)	2022-05	48.00	1292
新编中学数学解题方法1000招丛书.方程与不等式(初中版)	2021-04	58.00	1293
新编中学数学解题方法1000招丛书.函数(初中版)	2022-05	38.00	1294
新编中学数学解题方法1000招丛书.角(初中版)	2022-05	48.00	1295
新编中学数学解题方法1000招丛书.线段(初中版)	2022-05	48.00	1296
新编中学数学解题方法1000招丛书.三角形与多边形(初中版)	2021-04	48.00	1297
新编中学数学解题方法1000招丛书.圆(初中版)	2022-05	48.00	1298
新编中学数学解题方法1000招丛书.面积(初中版)	2021-07	28.00	1299
新编中学数学解题方法1000招丛书.逻辑推理(初中版)	2022-06	48.00	1300
高中数学题典精编.第一辑.函数	2022-01	58.00	1444
高中数学题典精编.第一辑.导数	2022-01	68.00	1445
高中数学题典精编.第一辑.三角函数·平面向量	2022-01	68.00	1446
高中数学题典精编.第一辑.数列	2022-01	58.00	1447
高中数学题典精编.第一辑.不等式·推理与证明	2022-01	58.00	1448
高中数学题典精编.第一辑.立体几何	2022-01	58.00	1449
高中数学题典精编.第一辑.平面解析几何	2022-01	68.00	1450
高中数学题典精编.第一辑.统计·概率·平面几何	2022-01	58.00	1451
高中数学题典精编.第一辑.初等数论·组合数学·数学文化·解题方法	2022-01	58.00	1452
历届全国初中数学竞赛试题分类解析.初等代数	2022-09	98.00	1555
历届全国初中数学竞赛试题分类解析.初等数论	2022-09	48.00	1556
历届全国初中数学竞赛试题分类解析.平面几何	2022-09	38.00	1557
历届全国初中数学竞赛试题分类解析.组合	2022-09	38.00	1558

联系地址:哈尔滨市南岗区复华四道街10号　哈尔滨工业大学出版社刘培杰数学工作室
网　　址:http://lpj.hit.edu.cn/
邮　　编:150006
联系电话:0451-86281378　　13904613167
E-mail:lpj1378@163.com